俞敏洪：我的成长观

俞敏洪 / 著

中信出版集团 | 北京

图书在版编目（CIP）数据

俞敏洪：我的成长观 / 俞敏洪著. -- 北京：中信出版社，2020.12（2024.3重印）
ISBN 978-7-5217-2367-0

Ⅰ.①俞… Ⅱ.①俞… Ⅲ.①成功心理—通俗读物
Ⅳ.① B848.4-49

中国版本图书馆 CIP 数据核字（2020）第 205634 号

俞敏洪：我的成长观

著　　者：俞敏洪
出版发行：中信出版集团股份有限公司
　　　　　（北京市朝阳区东三环北路27号嘉铭中心　邮编　100020）
承　印　者：北京通州皇家印刷厂

开　　本：787mm×1092mm　1/16　印　张：19　字　数：234 千字
版　　次：2020 年 12 月第 1 版　印　次：2024 年 3 月第15次印刷
书　　号：ISBN 978-7-5217-2367-0
定　　价：69.00 元

版权所有·侵权必究
如有印刷、装订问题，本公司负责调换。
服务热线：400-600-8099
投稿邮箱：author@citicpub.com

目录

V 序言 相信成长的力量

1

学生时代，打磨你自己

003 怎样让自己成长为有用的人

019 让中学生活成自己想要的模样

038 高考就这么准备

052 大学生活到底应该怎样度过？

目录

2

将命运掌握在自己手中

083　创造价值，让平凡不平凡

091　乘风破浪挂云帆：生命向前之路

099　目标背后的规划

117　我是演说家：摆脱恐惧

120　中年男人的成长

128　时代与个人：将命运握在自己手中

134　人生是一道多选题：生命的选择与发展

153　有原则地做人、做事：我做事与做企业的一些原则

177　在充满不确定的时代，做确定的自己

185　创新而非创造：经营事业的道与术

193　创新、创业与社会文明

目 录

3

在成长的道路上，我们需要做什么？

209　让孩子 10 岁前养成受益一生的好习惯

226　和孩子一起行走世界

238　我做老师的一点体会

253　我在疫情期间的人生思考

258　做事的三个标准

265　未来社会发展，根本在教育

271　疫情之下的教育：未来社会的机遇与挑战

287　我们还在半道上

序言

相信成长的力量

俞敏洪

"成长"和"长大",是两个不同的概念。长大,可以说是这个世界上最容易的事情,只要时间不停,我们就可以年龄增加、体重增加、肉体衰老……但是成长不一样,除了自然的成长,我们更多指的是心理的成长、认知的成长、能力的成长,等等。长大未必就是真的成长,因为成长跟年岁没关系,而且没有止境,比如,我到了这个年龄,依然要成长,依然每天要习得新的知识、新的智慧。

为什么?

人来到这个世界上并不是享受的。在生命长河里,我们会遇到各种各样的困难与困境,而很多人从出生那一刻就面临着落后于他人的条件。在生活中,你甚至会遇到人生的至暗时刻,似乎世间所有的黑暗和不如意,都在你身上……对于这些,我们要承认,生活本来就是这样。而我们需要知道的是,唯一可以拉你出来,可以让你改变困境的,只有自己拼命成长。即使中间摔倒了、失败了,只要你在不断地成长，那总还能爬起来。只要不断成长，只要努力奋斗，只要有足够长的时间，我们每个人都可以改变自己的命运，让自己的生活变得更好。

人生是一场马拉松，计较的不是你的起点，不是站在第一排、起跑快、装备好就能赢的。马拉松真正计较的是你能走多远、走多久。如果你能坚持走出足够的距离，只要前进的方向和目标是清晰的，未来你就能走出别人没有走出来的距离，就能看到别人没有看到的风景。

现实中，时光总是向前的，会抛给我们新的成长问题。很多人面对高考，会觉得它是眼前最重要的一座大山，觉得爬上之后，就万事通达了，但是请相信：上大学，只是一个新的起点；走进大学，只是生命一个新的开始。就像有些孩子考上了北大，就觉得进了保险箱，开始放纵，甚至有的人都毕不了业；而一些二本院校的学生，因为高考不如意，所以大学阶段还在不断发力，最后考取了名校的研究生，用两步走完别人一步走过的路。有了这股不断向上成长的力量，相信在生命当中，终能收获一番风景。

此外，花有四季，人也有不同的成长阶段。花不能在花季没有到来的时候放弃成长，人也不能在梦想和目标实现过程中遇到困难就放弃成长。有的花开放在春天，比如桃花；有的花开放在夏天，比如荷花；有的花开放在秋天，比如菊花；还有能在冰天雪地里傲然开放的梅花……因此才有了四季不同的美和大千世界。人亦如此，有的人在十几岁、二十几岁就已经名满世界了；有的人中年的时候就"开放了花朵"，比如说很多企业家；也有很多人是在年纪很大才开放的，比如姜太公、著名画家齐白石，都是年迈以后成名的……所以非常清晰的一点是，如果花停止生长，那根本就不可能等来花季。如果一个人放弃了成长，那么日子就变成了复制粘贴前一天的生活，那这样又如何能向上、向前，生活又有什么意义？全然没有了生命该有的精彩。

人总是要有梦想的。我们很小的时候就会被别人问：你长大后的梦想是什么呀？这个梦想可能会随着我们不同的年龄阶段发生不同的变化，但是无论这个梦想是什么，只要你不去努力，都是没有用的。就算你的梦想再小，也需要用心经营，不断成长，这样才能让梦想变成现实，才能守护梦想不被现实伤害。就像爬山的时候，就算看不见山顶，但只要你知道自己在向上爬，知道爬的路是对的，那么爬上山顶只是时间问题。

此外，我特别想纠正的是关于成长的认知误区。太多人把成长的价值与成功连接起来，然后又把成功限定在一个特别狭小的范围，比如说对于孩子，就是要其考高分、温顺听话，而我们成人就是要有钱、有地位、有财富。事实上，成长绝不限于此，甚至成长比成功更重要，比如说我们通过成长，来培养高洁的人格、健康的心理，做事具有创造力、想象力，能够吃苦，能够勤奋，能够摔倒了再站起来，这些都是成长的重要内涵……

我在很多场合都说过，我认为我们的生活方式有两种。一种是像草一样活着，你尽管活着，每年还在成长，但是你毕竟是一棵草，虽然吸收雨露阳光，但是长不大；人们可以踩过你，但是不会因为你的痛苦而痛苦，不会因为你被踩了而来怜悯你，因为人们没有看到你。另外一种就是像树一样成长，即使你现在什么都不是，但是只要你是一粒树的种子，即使被人踩到泥土中，依然能够吸收泥土的养分，自己成长起来。

当你长成参天大树以后，从遥远的地方，人们就能看到你；走近你，你能给人一片绿色；活着是美丽的风景，死了依然是栋梁之材。活了死了都有用，我认为这应该是我们做人和成长的标准。

成长对于我们每个人，都是如此重要且又无法回避，所以我觉得有必要回归到成长本身，把它拉长到我们生命的长度，让它回归到成长本身应该有的要义，于是就有了这本书。

读万卷书，行万里路。沿别人指的路走也可以成为我们成长的途径与方式，但我并不认为这样就能成功。说白了人在活着的时候，是不能说绝对成功的，因为那可能是暂时的阶段成果。而很多人的经验，是因为失败了才有的。只是成长总会有一些东西是相同的，在每个相同的阶段，可能面临相近的问题或困惑。

回想我在农村历经三年高考考入北大，留在北大任教后又离职开始做外语培训，以及创办新东方的点点滴滴……在这个过程中，我有学生在学习阶段的感悟和困惑，有创业者创业的艰辛和精彩，也有身为教育者看到问题的焦虑，以及父亲这个角色带给我的体验……所以我把一路走来的细碎、点滴汇聚总结，把不断更新的看法分享出来，以此为成长解惑一二，希望能够帮助一些在成长过程中遇到问题的学生探索走出迷茫的路径，也希望能够帮助走入社会的朋友们不断打磨自己，以成长为盔甲，来面对生活与职场的重重压力。与此同时，我也希望能够让一些家长走出孩子成长教育的误区，能够让孩子拥有更好的成长空间。

每一条河流，都有自己不同的生命曲线，但是也都有自己的梦想，那就是奔向大海。不管你现在的生命是怎么样的，我都希望你一定要有河流的精神，像河流一样不断地积蓄自己的力量，不断地冲破障碍。当发现时机不到的时候，你要把自己的厚度积累起来。这样当有一天时机来临的时候，你就能够奔腾入海，成就自己的生命。

相信成长的力量，让青春与梦想不期而遇。

1

学生时代，
打磨你自己

怎样让自己成长为有用的人

关于成长，我首先想到的是如何让自己成长为有用的人。习近平总书记在2018年全国教育大会上曾说过，要培养德智体美劳全面发展的社会主义建设者和接班人，要努力构建德智体美劳全面培养的教育体系，形成更高水平的人才培养体系。

"德智体美劳"到底对我们有什么用呢？为什么在教育中要把德、智、体、美、劳5件事情放在一起来考虑？下面，我们一起看看德、智、体、美、劳到底指什么。

德，你的人设是什么？

大家都知道，一个人在社会中能够取得成功或者广受欢迎，主要靠的不是学问，而是"德"——我们可以把它叫作道德或者人品，现在还有一个更新的词叫作人设。那"德"到底是什么呢？我觉得"德"就是一个人的行为体系、价值观，人们通过观察一个人在这些方面的表现，进而判断这个人。

对于"德"，我们要关注哪些东西？在回答这个问题之前，你不妨问问自己，是不是想变成一个在社会上、在朋友中、在未来创业或者做事业的道路上，有人愿意信任你、跟你合作，甚至有人愿意把身家性命都交给你的人？我相信大部分人都愿意变成这样的人。因为这样可以调动很多资源，做事情的时候有人帮自己，更容易取得成功。

在我心目中，"德"有几个要素是最重要的。第一，要做一个对别人友好的人。当然，这并不是说你要喜欢每个人。因为我们在这个世界上行走，总有自己喜欢的人，也有不喜欢的人。喜欢不喜欢某个人是根据我们的个性、价值观、我们跟他人是不是合得来来判断的。但是不管怎样，我们需要友好地对待我们周边的人，比如我们的父母和他们的朋友、我们的兄弟姐妹和他们的朋友，以及我们周围的同学。但这并不等于说我们要放弃是非判断标准，也不等于说要表面上对所有人都好，而是对别人该问候的时候问候，该帮助的时候帮助，该讨论问题的时候讨论。在现实生活中，有一种人最不受欢迎，他们对别人流露出不友好的表情、做出不友好的行为、讲出不友好的话语，这样的人到了一定年纪是很难在社会上立足的。

第二，要做一个能够帮助别人的人。做到这点其实也非常简单，比如说同学需要你的帮助，让你帮他买个东西，或者给他指导一下作业，这些事情是你只要想做就能轻松做到的，而且你帮了别人，在你需要帮助的时候，别人也会帮助你。这点非常重要，人在世间走一辈子，最重要的就是互相帮助。

我虽然从小到大在这方面并没刻意为之，但做得还不错。比如小时候我会帮着小朋友割草、种地，和小朋友分享我的玩具；长大以后我喜欢帮着同学干活。大学期间，帮同学打水、扫地、搬凳子、打饭，这些事我都做过。回过头来看，我一点都没吃亏，到后来我创业的时候，这些同学和朋友很多都愿意回来跟我一起干，他们知道我是一个还不错的人。跟一个愿意帮助别人的人一起干，肯定不会吃亏。而且大家一起干，肯定比一个人干要好。后来，我的这些同学、朋友跟我一起把新东方做成上市公司，也都变成了大富翁。

第三，一定要做一个让别人信任的人，这一点非常重要。你买东西的时候就会有这样的感觉，大品牌的产品会让你觉得可信，你会毫不犹豫地把它买下来；但是在一个容易出假货的市场，你就不会那么随便买东西，因为不知道它们的品质怎么样。从这点来说，一个人能让别人信任，实际上靠的是品质。如果你的同学、朋友觉得你这个人人品不错，就会信任你，愿意把真心话告诉你，也愿意把东西借给你，因为知道你借完以后肯定能还。所以这就是一个让人信任的过程，你长大以后如果做生意，就会知道做生意最重要的两个字就是"诚信"。

那诚信是怎么建立起来的呢？就是做事情的时候，不欺骗、不做假，慢慢让别人相信你的产品、你的服务，最后只要你有新产品和新服务推出，他们就愿意相信、愿意买。比如说消费者很愿意买苹果手机，也很愿意买华为手机，为什么？因为他们知道这是品质的保证，这些产品代表了一家企业的形象，也代表了一家企业的信誉。所以，我们要从小时候就让周围的同学信任我们，让和我们打交道的人信任我们，觉得我们是可靠的人，这是非常重要的。

第四，做一个勇敢面对困难和挫折、不屈不挠的人。生活中挫折是难免的，比如说成绩不好、做错了事，或者和同学有矛盾，被老师批评了。这在英文中对应的词是"frustration"，意为垂头丧气，就是受到了挫折。我们生命中一帆风顺、处处如意的时间其实并不多，正可谓"人生不如意事十有八九"。从这个意义上来说，我们要有这样一种心态：我们遇到的挫折、失败等，其实对我们个人的成长是极其有好处的。正如孟子那句话："天将降大任于是人也，必先苦其心志，劳其筋骨。"对于我们来说，遇到挫折，就像跌倒了必须爬起来才能够继续往前走一样，是一个成长的必要条件。以我为例，高考连续两年失利，于是奋斗了三年，不屈不挠，终于在第三年考上了北京大学；可大学期间我又得了肺结核，住院了一年……这时可能大部分人都会灰心丧气，但是我在住院的时候读了几百本书，还写了很多读书笔记，为我的知识结构打下基础，至今还能受益。所以遇到艰难困苦的时候，奋起努力比颓废要强100倍。

　　第五，做一个不自大、不骄傲的人。有时候，我们可能会因在某个方面比别人好，比如说成绩比别人好、打球比别人好、画画比别人好、家庭条件比别人好、长相比别人好等，不自觉地产生骄傲自大的心理。但是我们也都知道，骄傲自大是对自己的一种伤害，对别人反而没什么。因为你的骄傲自大可能引起他人的不舒服，他们进而可能会给你设置各种各样的障碍。所以不管你有多大的成绩、多么自豪，都要戒骄戒躁。而且成绩越好、在某个方面越能干的人，反而越谦虚，越会向别人请教，这样可以让别人和自己更加融洽一些，不至于被孤立。当然，这不是说我们要故意把成绩弄差，故意隐藏自己的能力——该显示时还是要显示，只不过态度更加重要。

　　第六，做一个遵守公德的人。我们作为现代社会的公民，应遵守同样的社会准则和社会道德。那什么叫遵守公德呢？比如不能随便闯红灯、不能随地吐痰、不能随便扔垃圾等，大家已经达成一致意见的就是共同的"协议"，要共同遵守，不能因为个人的利益去伤害别人的利益，这些都是非常基础但非常重要的公共道德。当一个国家的公民都遵守公共道德时，大家就会让出更多的活动空间。所谓的"越遵守纪律越自由"就是这个道理——如果你不守规矩、突破底线、侵害别人的利益，别人反过来也突破底线侵害你的利益，最后就变成了一场仇恨的战争，彼此之间就没有自由的空间了。所以，遵守公德是成为一个现代公民的必要条件，我希望同学们也能做到这一点。

智，不止于知

提起"智"，很多同学都会想：这不就是学习吗？是的，"智"是学习，但是如果我们把它等同于学习书本知识，等同于考试成绩，那就错了。

现实中，很多人学习成绩并不好，甚至有些人没有上过大学，只有初中学历，但事业做得非常出色。比如海底捞创始人张勇就没上过大学，他能够把海底捞做得这么好，做成全国服务业的标杆，是有大智慧的。所以我们说到"智"的时候，不仅仅指学习，说得更深一点，也指智力和智慧，正如智慧用的是"智"，而不是知识的"知"。

那在"智"方面，我们到底应该做到哪些呢？我觉得首要的就是阅读。我们上小学、识字，还要上大学、出国留学，这其中最重要的就是读书。

请记住，我这里说的读书，不只是指老师要求读的教科书——教科书我们要读，因为它们讲的是基础知识、基本原理，为我们读书奠定基础。我们读它们更多是为了考试、升学。我讲的阅读要比教科书宽泛得多，比如我们要读大量的文学、历史、哲学书，甚至年轻时要读诗歌、小说、散文，成年之后还要读很多专业书，比如法律、经济、政治等领域的书。

也许读完一本书，我们很快就会把它忘掉，但是它已经对我们产生了影响，就像我们蹚过一条河时衣服湿了，上岸以后衣服又干了，但是蹚过这条河的记忆还是会留在我们的脑海。读书时，不同的观点、不同的思想、不同的对象、不同的争论，会让我们脑洞大开，使我们的思辨能力越来越强，反应速度越来越快。长大以后，在工作中，我们就可以把储存的知识点根据需要连接在一起，变成富有想象力和创造力的人。

所以，我建议大家认真读书。现在学生阶段时间也比较紧张，建议你一个月读一两本，读自己喜欢的书，读能够对自己思想产生影响、对成长有意义的书，这一点非常重要。

其次，我们还要学会讲故事。你可以将你读完的书讲给别人听，也可以说是要学会演讲，学会在他人面前说话。这点之所以重要，是因为讲故事是我们能力和思想的表达，是我们吸引他人的一种方式，也是我们想象力、语言能力的一种证明。一个人如果会讲话、会讲故事、会表达自己，就更容易被别人接受，同时也更容易把事情做成。

我从小学到大学其实一直不太会讲话。后来留在北大当老师，北大的学生智商、情商都很高，教师不会讲话是一定会出问题的。于是我就开始锻炼自己的讲话能力，慢慢就发现自己越来越受同学们欢迎，讲话能力也就练成了，所以后来做新东方时我才能做演讲，最后把新东方干成。

再次，要学会探索问题。我刚才说要读书、会讲故事，这是从广度上来讲的，但是人生除了追求广度，比如说我们希望自己这一生能走遍全世界，还有另外一个角度，那就是深度，即越深越好，进而将广度和深度结合。深度是什么？就是在一个领域深挖下去，不断提出问题，不断探讨和探索，这样你的思维能力才会越来越深入。否则，如果你光读书，哪怕读1万本都是不管用的。

所以，你要抓住一门自己喜欢的学科，不管什么学科都可以。喜欢文科的，可以是语文、历史、哲学、政治；喜欢理科的，可以是化学、物理、生物……抓住自己感兴趣的那门学科，然后成为你朋友中间的佼佼者，一提到这门学科，就能够讲得头头是道。在这门学科上，如果你不仅考得好，还能发现某个问题、发表论文，那就再好不过了。这就是深入下去的能力，这种能力能改变你的知识结构，把你看问题的方式变成你的日常思维模式。有了这样的日常思维模式，未来你去任何一个领域做事情，都可以尽可能地透过现象看本质，更容易把事情干成。

深入探索问题跟学习矛盾吗？毕竟我们在学校还是要学习的。现实中，有一些同学是门门课程都能考高分的，这样的同学算是智商很高的。我从小学到中学，甚至包括大学在内，成绩都处在班级平均水平，甚至比平均水平还要靠下一点。我在学习上并不算特别笨，不至于什么都学不会，我之所以能够坚持学习，是因为我当时的语文比较不错，我读的书、写的作文，往往比同学要好一些，所以经常能得到老师的表扬，文章也会被拿出来当作范文来读，这样，我就增加了自己学习的信心，尽管我的数理化几乎没有及格过。我后来学外语，也是因为语文好，我觉得英语也是一种语言，语言的逻辑应该是相通的，所以后来考上北大之后就学了英语。

对大部分同学来说，不见得每门课都很好，都在中游水平及以上就可以，但是如果有一门课能做得比其他同学都好的话，你的自信心和能量就会被激发出来，而且自己比较擅长的这门课往往也可以把其他学科的成绩带上去。如果我们把时间平均分配在每一门课上面，而每一门课只有中等水平，反而会让自己垂头丧气。

所以，这是我给大家的一个建议——在某一门学科上达到高水平，这是最好的一件事情。此外，我们还要提升动手能力。在生活中，动手就是要去做实验，比如说小时候搭积木、拼拼图，这些都是锻炼我们的动手能力。动手有一个最大的好处就是：手脚的配合，尤其是手的灵巧，可以帮助我们活跃大脑思维。家庭条件不好没有关系，干农活也可以锻炼动手能力。我觉得我之所以后来大脑思维还算比较灵活，就得益于我小时候干农活干得特别多，干得特别快。我14岁还曾获得过插秧冠军，插秧是手脚并用，应该对我有直接的帮助。当然，现在孩子们的条件比我那时要好太多了，可以搭乐高，甚至还可以做机器实验，等等。这些都可以让我们手脑并用，加强我们的协调配合能力，让大脑思维和身体行动协调起来。所以我一直鼓励孩子多动手，也建议家长让孩子们多动手来做自己喜欢做的事情。

最后，还有一点要跟大家说的是，在学习过程中，一定不要太早进行文理分科，不要因为未来想考的是理科、工科，就只把数理化学好，历史类的就不再看了；同样，想学文科也不能只把文科搞好，数理化就放弃了，这是不对的。原因非常简单，我们的大脑思维有两个方向：一个是形象的、更加有想象力的思维，这个思维通常是偏向文科的；另外一个是逻辑式的抽象思维，理工科内容比较锻炼大脑的这部分思维。这两个思维是互相促进的。所以，学理工科的同学多读一点历史知识、哲学知识，对未来在理工科方面的深入研究是有极大好处的；学文科的同学多学一点数学、物理和化学知识，包括生物知识，使未来的深入研究更富有科学精神，也是非常重要的。我们是因为高考才把学习分成文理科的，但是在自我成长和修炼的过程中，是不需要那么早分出来的。

这就是我对"智"的看法。如果把这几点做好的话，即使你未来的成绩不是那么理想，我觉得你也会是一个真正有智慧的人、真正喜欢学习的人，在未来的成长和成就方面有更大的进步。

体，不仅仅是身体健康

在我们的狭义概念中，大家可能会认为"体"就是身体健康、体育运动。但我感觉"体"还应包含更多的东西。

其实，对于一个人来说，心理健康是非常重要的。阳光、积极、勇往直前、不怕困难，这些就属于心理健康。遇到什么事情都忧伤，在这种痛苦中难以自拔，或者总是看到这个世界的黑暗面，内心充满了负能量，这些就属于心理不健康。

那怎样保持心理健康呢？最重要的一点就是我们要认识到这个世界上每个人都有自己独特的地位和生存方式。我们在小学、中学，甚至大学跟同学比成绩，但是这个成绩比下来是没有任何意义的。你要做的就是自己付出努力。而且，未来你走进社会，会发现这个世界上根本就没有第一名、第二名。所以从这个意义上来说，我们保持乐观要比一味沮丧重要得多。

再回到身体健康这个话题。身体健康就是要让自己的身体保持良好状态。身体健康在学生阶段也可以通过几个方面实现。一是多运动，比如课间到操场上去跑步、跟同学嬉戏玩闹，都可以。二是要保持良好的作息习惯。我知道很多同学作业特别多，尤其到了高考阶段，很多同学每天只睡四五个小时，这是远远不够的。睡眠少会导致大脑思维反应速度变慢，学习效率降低；效率低又导致做作业的时间延长，睡觉时间更少，形成一种恶性循环。所以在学生阶段，我们要养成规律的作息习惯，保证基本充足的睡眠时间。所谓基本充足，我觉得小学生要睡 8 个小时以上，而且睡眠质量要好，这样才能保持身体健康。三是一定要有一项自己喜爱的运动项目。乒乓球、篮球、足球都可以，找一项自己喜欢的运动，最好是团队性的体育运动，这样在运动的过程中，你不仅会收获朋友、友谊，还会培养团队合作精神，这对你未来进入社会是很有益处的。一个有团队合作精神的人往往能够把事情做好，做到位。这个过程中，我们也会出现竞争心理。虽然攀比心理是不好的，但是良好的竞争心理对我们是有好处的。二者是有区别的：攀比心理是自己明明做不到，但是看到别人做到了就难受；竞争心理就是自己付出努力和汗水，想办法在某方面追上别人，或者超越别人，形成自己的竞争能力。

这样的竞争能力是一种人生发展的动力。老师催、家长骂，这些都不是动力，真正的动力是你对未来有期待、有理想，这个期待和理想会牵着你往前走。比如说你想出国读书，就会拼命学习，因为出国读书是你的梦想。还有就是,你会比周围人多一点好胜心,好胜心虽然有一点狭隘,但是会激励你努力前行。

所以好胜心也好,竞争心理也罢,只要不过分,处于心理健康的水平内,就不是坏事。除此之外,我们还要有无话不说的好朋友。当你内心有淤积的不满情绪时,跟朋友说出来内心就会舒服些。如果你身边一个好朋友都没有,那就很麻烦。如果你是一个内向的人,不善于跟朋友交流也没关系,很多著名的科学家和作家年轻时也都如此,但是他们有另外一个解决方法,就是读书,通过读书来释放内心的感情和压力。

人一定要学会释放。有人可能会说,如果找了好朋友但被背叛了,不是更加伤心吗?其实也没关系,如果好朋友背叛了你,你可以再找新的好朋友。总而言之,在生命中有一些朋友可以无话不说,是有益于我们身心健康的。

美,是有层次的

一提到美,大家很容易想到美女或帅哥,这确实是一种美。在中国历史甚至世界历史上,歌颂美女、帅哥的小说、诗歌、散文非常多,但是真正的美远远不止容颜仪表之美。

我觉得美分好几个层面。第一个层面是人生之美,是我们对生命的热爱,知道通过自己的努力,人生会更好、更精彩。在学生时期,我们期待进入最好的大学,谈一场很美的恋爱,能到世界各地去旅行,能读遍世界上有思想、有智慧的著作,等等,这些都是美。如果我们对未来更加美好的生活有期待,内心其实就已经有了一种对生命的热爱,这是美的根本。如果没有对生命的热爱,即使获得美的东西,也是没有任何意义的。

美的第二个层面是要学会欣赏美。说到这,很多人可能会说:我会画画,会弹钢琴,这是不是美?现实生活中,我们常常把绘画、书法、钢琴等艺术归入美学的范围。但是仅仅会这些东西并不是美。有些会弹乐器的人对乐器并没有什么感觉,有些会画画的人其实也没有太多天分。所以简单来说,除非你把自己的生命热情都放到绘画和音乐上去,否则的话,它们就是一个技艺而已。

所以我们并不一定非要去学绘画、学音乐,如果能欣赏音乐、欣赏绘画,我觉得也是足够的。这并不是反对大家去学习,而是希望大家别把美的能力和会乐器、会绘画这些事情等同起来,这是两个完全不同的概念。

美还有一层含义,就是要我们走进大自然、欣赏大自然,这一点非常重要。在大江大河边、广阔草原上长大的人,对生命一般都会有无比的热情。他们在这种自然美的陶冶中长大,对自然有着无限的热爱。而从小生长在城市建筑群中的人,抬头看不到满天的繁星,身边都是各种建筑物,除了每天背着书包去上学,没有什么欣赏大自然的机会,对美的感觉可能就没有那么敏锐。所以我们一定要自己创造机会走进大自然,比如到大江大河边去看看,抬头看看满天繁星,到森林中走一走,或者到大草原上去骑骑马,这样你才会更强烈地热爱大自然,对生活也会更加热爱。因为大自然能把人的胸怀放大到跟天地一样宽广。

我常常建议家长朋友,不要一天到晚强迫孩子学习,要带着孩子多出去走走,去公园走一走,有机会的话到农村去走一走,到山里面走一走，既放松心情，也能让孩子欣赏大自然，留下美好的记忆。

我们还要学会欣赏文字的美。在小学阶段唐诗宋词就进入课本，要求学生背诵了。很多诗词描写的都是大自然的美，通过阅读优美的诗歌、散文，心灵也能得到美丽文字的滋润，进而内心世界也会变得更丰富、更美。在现实生活中，懂得欣赏优美文字的人很少受到心理问题的困扰，因为这些文字的美能化解很多心理问题。当然，这绝不是说会背唐诗宋词就是美，而是希望你能够从唐诗宋词中看到美，能够用文字来表达、抒发、排遣内心的感受。

我们还应会欣赏人间烟火的美。比如，我在日常生活中很喜欢跟朋友去吃大排档，喜欢从街上走过，看着人来车往的繁华景象……我们对人间烟火的喜欢也是对美的向往。有一句话叫作"阅尽千帆，归来仍是少年"，这就是对世界美的最好的肯定。

学会欣赏美以后，我觉得即使我们成绩不好、考不上大学那又怎样？我们照样可以在人世间过得很美、很好。

劳，可以有多种收获

"劳"虽然主要就是指劳动，但是内涵要比劳动更丰富。正如我前面所讲，你的动手能力和你的大脑是连在一起的，劳动也有助于开发智商。你喜欢做的事情越多，能力越全面、越丰富，成功的可能性就越大。

我心目中的"劳"主要包含以下几点。首先要学会自己动手。我们可以从收拾自己的房间、收拾自己的书架、收拾自己的玩具、帮父母做家务做起。

以做饭为例，尽管现在可以点外卖，但是学会做饭依然是一种劳动的体验，是一种让你有成就感的体验。而且学会做饭有一个特别大的好处，就是掌握放多少盐、多少酱油、多少调料的分寸感。如果你的同学、朋友到了你家，你做两个菜给他们吃，那种感觉会特别好。

除了做饭以外，种菜也是一种乐趣。可能你会说：我在城里怎么种菜？我看过一个视频，讲的是一个学生在家里的浴缸里铺了土壤、洒上种子，在上面装上日照灯，后来浴缸里就长出了水稻、蔬菜。这当然不是让你照他的样子做。但在窗户边弄一个一平方米或者半平方米的小框子，放上土壤，种上蔬菜，并不难。看着蔬菜发芽、长大，是一种生命的体验，能够给我们带来很多乐趣。当然，我小时候，劳动是必须的，家里自留地很多，天天种菜，常常一种就好几个小时，种菜变成了一种苦差事，但是也给我带来了好处，让我不会"五谷不分"。到现在吃饭的时候，我还可以一边吃，一边讲农作物的生长过程。我觉得这也是挺有乐趣的一件事情。

如果有时间，假期或者周末到农村或者工厂，去体会一下农民和工人的劳动，也是非常有意思的。看看工人一天是怎么工作的，流水线是什么样的，一个个零部件是如何变成真正能够使用的产品的。也可以去父母工作的地方看一看，尽管现在我们大部分人都是用电脑工作，但在工作场合，体会一下父母工作多么不容易、多么辛苦，对父母多一份尊重，对劳动多一份尊重，也是非常重要的。

当然如果有机会的话，也可以趁假期去当志愿者，既培养自己的爱心，也能培养跟别人交流的能力，加深对社会的了解，丰富自己对这个世界的看法。志愿者可以活动的地方很多，比如敬老院、孤儿院、医院，等等。

最后还希望大家记住的是，锻炼自身能力最好的方法就是勤奋。我们的勤奋常常体现在起早贪黑地学习上，但是勤奋还体现在另一个方面，就是劳动，比如打扫卫生、帮着父母做家务，这些都是勤奋的体现。养成勤奋的好习惯，我们一辈子都受用。我自认为不是一个特别聪明的人，但我是一个勤奋的人。我每天早上6点起床，晚上近12点睡，把每分钟都利用好，以此让自己变得更加高效，收获更多。

关于德、智、体、美、劳，我说了这么多，主要还是为了说明我们到底应该成为一个什么样的人。汇总起来，我觉得主要有五点。第一，做一个开心的、积极的人，不管家庭背景怎样、遭遇了什么歧视，都要开心、积极。第二，做一个热爱知识的人，不管聪明与否，这个世界学海无涯，多读书来积累知识，进而让自己变得更加博学，未来能够做更多事。第三，做一个有一技之长的人，不管是某个学科还是某项运动，让自己在这个领域最厉害。就像我的一技之长不是管理，也不是演讲，而是英文。这样就算我做管理者不一定合格，做老师也是合格的，所以即使丢掉工作，我也依然能够很快乐地走进教室和学生进行交流。第四，做一个自律、自觉的人，管好自己，知道自己哪里对、哪里不对。会自我管理的人，往往更容易成功。如果我们不能自我管理，要靠老师的鞭策或家长的敦促才能够认真学习，就意味着你是一个被动的人，是不太容易取得成功的。所以，我们一定要自觉、自律，通过自我管理、自我约束来让自己更快地成长。第五，做一个有理想并愿意为之奋斗的人。理想是走向未来的指路明灯，会牵引着你，让你自愿付出更多的努力，即便你的理想不一定能完全实现，但只要有理想驱动，你就能够不断前行，就能够走到自己都想不到的更加遥远的将来。

　　这几点其实就是习惯的养成。当你不断地去重复一件有意思的事情，它就变成了你的习惯。一直坚持下去，习惯成自然，不知不觉中内化到你的个性中去。个性是能够改变命运的，能够决定命运的走向。命运，当然也不是天定的，如果你是一个积极、乐观、勤奋、好学的人，命运不会太差；但如果你是一个懒惰、颓废、被动的人，命运也很难青睐你。希望我们都能通过自己的努力，在未来人生的道路上越走越好，可以有一个更加美好的明天。

让中学生活成自己想要的模样

从一首歌谈起

尽管我已经50多岁了，还是想聊聊我的中学时代。

说起中学，我相信每个同学都会想起一些歌曲。我们这代人大部分比较熟悉高晓松作曲作词的《同桌的你》。《同桌的你》描写了我们对高中时期美好又朦胧的记忆，有关学习，也有关感情，非常美。"谁娶了多愁善感的你，谁看了你的日记，谁把你的长发盘起，谁给你做的嫁衣……"

我相信绝大多数同学在高中的时候有两种感情。第一种是朋友之间的友谊。这种可以称为终生友情的友谊，主要来自初中和高中，尤其是高中三年。小学的同学可能到最后大家记忆就不是那么深刻了，除非和你从小学一直到初中、高中都是同学。我们最好的记忆就是终生友情。现在新东方的CEO（首席执行官）周成刚老师，就是我高中同班同学，新东方原行政总裁李国富老师是我的高中老师。现在，我们高中同学每过两三年都会在家乡聚一次，尽管每个人的人生道路都已经大不一样，但是只要聚在一起，高中时期的情谊、感觉，都是说不完的话题。

第二种感情是朦胧的爱情。到了高中阶段，男生或女生多少都可能产生某种朦胧的、说不出来的感情。当然，现在的高中生跟我们那个时候不同，不少已经开始公开谈恋爱了。但我们也都知道，高中阶段最主要的任务就是学习，每个人都要把精力集中在高考上，为自己的人生奋斗。所以串起我们生活主线的是学习，说得窄一点就是高考。但是高考并不能抹杀一切。如果高中阶段只是为了高考而存在，除了学习再也没有别的东西，没有对友情的回忆，没有对朦胧的感情的回忆，那么我相信这样的高中生活会很苍白。就像我曾说的在大学阶段，如果我们只是跟着老师走，只是为了每门课考高分，只是为了找一份工作，那样的生活状态是特别无聊的。所以我们要有格调更高的情怀。"那时候天总是很蓝，日子总过得太慢。"《同桌的你》就唱出了我们高中时候的那些情怀。等进了大学、大学毕业、经历很多事情的时候，你再回过头来想，高中的一些美好回忆会变得越来越亲切。

"明天你是否会想起，昨天你写的日记？"我不知道现在有多少人还有写日记的习惯，我想说的是，如果你能够在成长的过程中保持写日记的习惯——写日记不是为了给别人看，而是为了给自己看，把自己的感情、学习、奋斗、挣扎、努力、挫折，用简单的语言记在日记本上，那么等你到了我这个年龄的时候，甚至不需要到我这个年龄，再来看自己写过的日记，会发现生命中如水流过的日子灿烂地再次展现在你的脑海。

那条名叫"高考"的主线

我的高考故事很多人都知道，因为我曾在多个场合讲过我高考三年，最后考上北大的经历。但在此，我想讲的是，我当时的高考是怎么回事。坦率地说，我当时的高考比现在的高考要难很多。因为当时刚刚恢复高考，大概有500万考生。你可能会好奇：为什么会有那么多考生？因为在恢复高考之前积累了一大批知识青年，恢复高考后，大家都希望通过高考去大学读书，改变自己的命运。但是在当时，中国的大学非常少，加起来一年能录取的大学生只有十几万，也就是说只有百分之三四的考生能进入大学。当时的大学还包括了大专。而现在，高考录取率要高很多，有50%~55%的高中生能够进入大学读书。这意味着几乎一半以上的高中生都有大学可上，即使上不了大学，也可以选择读大专。与我当时的情况相比，这已经是一件非常幸福的事情了。而且我那时候大专和大学加起来录取的十几万人，是很多不同年龄的人在一起，所以我进了北大以后，发现我的同学有比我大五岁的、大三岁的，也有比我小两岁的，跟现在大家进入大学几乎都是同龄人完全不一样。不同年龄的人在一起也有好处，因为不同的人生经历、不同的背景，让大家在宿舍里卧谈的时候，互相能学到很多东西。当然也有坏处，因为年龄不同，大家难免有隔阂，成为平等相待的真心朋友的机会相对来说要少一点。这就是我当初面临的高考状况。

对于我这样一个农村孩子，在当时的高考环境下，想要一下子考上其实难度还是蛮大的。所以正如大家都知道的，我坚持考了三年。我高中毕业的时候是16岁，因为当时初中、高中加起来只有4年，所以我16

岁毕业，第一次参加高考，考上大学那年是18岁。因此尽管我考了三年，但按照现在大家的情况看的话，我算是没有浪费时间。后面自学的两年，实际上是弥补了当时学习知识不足的漏洞。

当时，高考考三年的不是很多，尤其是农村孩子，没有这样的经济条件，这就要回归我们需要解决的第一个问题：我们高考的动力是什么？我当时的动力比较简单：一个来自理想和渴望，另一个来自恐惧。所谓来自理想和渴望，是于我来说，大学在我心目中一直是一个神圣的、充满理想的地方。我在校期间，就喜欢学校的氛围，喜欢跟同学们一起学习、一起锻炼、一起聊天。后来高中有一年住在学校，跟同学的关系也非常好。所以我想象着大学校园会更大、更美，同学们在一起更融洽，说不定进了大学还能够跟美丽的女孩子谈恋爱，这种动力对于出生在农村还没有进过城的我来说，是非常强大的。我的第二个动力来自恐惧。恐惧什么呢？我害怕自己一辈子在农村待着，因为我知道一辈子在农村就意味着要过面朝黄土背朝天的生活。这种生活没有什么创意，也没有太多惊喜，甚至可能遭遇贫穷，连老婆都娶不起。这种恐惧促使我拼命想要离开农村。老天给了我这个机会，我只能拼命高考。

现在回想起来，这种想法也没有过时。因为一个人做事情，主要来自两种力量。一种是理想的牵引，想过更好的生活。比如说你想到全世界最好的大学学习，想去学自己喜欢的专业，想未来能够有更好的人脉创业，这些都是理想迁移，背后是没有恐惧的。即使最后达不到，也不会让生活糟糕到哪儿去。理想迁移对生活条件比较好的同学来说，是一个特别重要的力量。但现实生活中，还有一些同学对为什么要参加高考并不清楚，这就是一个比较糟糕的事情。高考是为了父母？为了老师？

不考的话没人放过自己？如果这么想的话，想考特别好是很难的。心理学上有一个原则，大概是说你内心的动力有多大，取得的成就就会有多大。而内心的动力一定要是自己认定的，每个人都不相同。我有个朋友说他之所以能够考到北京大学，就是因为他高中时期的女朋友进了北京大学，他就一心一意追随她，尽管最后两人没成，但是有了把他拉到北京大学的力量，并且如愿以偿。

第二种力量就是恐惧了。其实我们很多时候做事情，是出于一种恐惧，说得简单一点叫害怕。比如说你不一定喜欢自己的工作，但还是会努力，原因就在于你知道不努力工作，可能会被老板开除。没有了工作，就没有收入来源，就无法活下去了，对不对？大学学习也一样，在大学里你可能不喜欢这门课，但是还会学习，因为考试不及格可能就毕不了业。高考更是如此，尽管不一定是出于理想，但是你有可能觉得考不上会被人耻笑、讽刺。

所以不管怎样，这两种力量相互作用，牵着你走或推着你走。此外，高考还涉及道路的选择。大家都知道，当人生只有一条道路的时候，你的意志会更坚定。现在很多人之所以没有成就，其中一个原因就是可选择的道路太多。比如说工作，有些人工作两个月，遇到不如意便换一份工作，再遇到不如意再换一份……不停地换。现在的高考，选择也比较多，很多人意志变得不坚定，觉得考不上大学还可以上大专，不行还可以工作，甚至可以出国，等等。道路太多会让人在一条道路上走到底的决心同等程度地下降。

对于我那代人来说，当时能选的道路非常少。既然没有别的出路，就要在这条道上多付出努力。这么多年的经验也告诉我，如果一个人有这样的能力，选择了一条道路并坚持走下去，全力以赴地努力，就会拥有一种超级能力。通过这样的努力，你能够走得更稳、更美、更坚定。你在生活中可能也会发现，有些人一辈子只选择一条道路，比如一辈子进行文字创作，一辈子搞物理、搞数学、搞计算机，或者一辈子画画、做音乐……最后做出了成就。深挖一口井，挖到一定程度，水就会出来。我当时就是因为这个想法，愿意付出全部努力，一年不行两年、两年不行三年，终于考上了大学。

莫问收获，但问耕耘

就我自己而言，那个时候并没有设定自己要上北京大学。作为一个农村孩子，连续两年连大学都没考上，怎么可能会想考北京大学，连脑子里过一下都不敢。我只是因为努力再努力，成绩出来以后发现分数已经超过了北京大学录取分数线，才去了北大。

所以有的时候，我们说人生的高度不一定是自己设计好的，而是有这样的努力和能力，推着我们达到那个高度。多少人想要登上珠穆朗玛峰峰顶，但是许多人最后都失败了，为什么？因为尽管你有理想，想达到那个高度，但是没有相应的体力和能力。我有好几个朋友，比如万科的王石、中坤集团的黄怒波，还有其他一些北大的朋友，刚开始的时候并没有想过能登到珠穆朗玛峰峰顶，但是最终做到了，有的还爬了不止一次。所以对我们来说，锻炼自己的能力，让自己的能力和目标匹配，比单纯地想目标要重要得多。在高考中，这种匹配的方式就是拼命学习，把自己的分数提高，这才是我们要去做的事情。

很多学生往往有两个毛病，一个是对自己做的事情理想化，也就是把事情想得比较简单，觉得自己一定能做成，但实际上可能做不成，结果给自己造成比较大的打击。我们常常会发现把生活、学习、友情、爱情理想化的人，最后会受到比较大的打击。但是理想不同于理想化，理想是激励你奋斗的，如果没有成功，你还可以重建理想。

另一个就是过于强化竞争感。我们是要跟人竞争的，人生中没有竞争也就没有了乐趣，但是竞争也要建立在付出的基础之上，需要配以恰当的努力和能力。但是很多人在内心不断强化竞争感，天天跟人比较，比如说天天妒忌班里成绩好的同学、家庭条件好的同学，内心逐渐产生不满和抱怨。这是没有意义的，这种来自内心的竞争感，并未和你的能力、努力相配。竞争跟竞争能力是两个概念。所以对于我们来说，最重要的是提高自己的竞争能力，而不是竞争感。当别人比你好时，你要做的是想办法把自己变得更好，逐渐和别人一样好，甚至比别人更好。这是竞争最重要的一个要素。只有有了这种意识，你才会为自己的成就、进步感到高兴，而不是陷入每天跟别人的比较中。

曾国藩有一句话叫"莫问收获，但问耕耘"，说的就是我们拼命地劳作、勤奋努力，不用问最后能达到什么地步，只要把事情做到位了，就会有收获，就好像播种、施肥、浇水、除草都做到位了，收获是自然而然的结果。

人与人是有很多不同的。你付出100%的努力，最后能上什么大学那就是"天意"了。你要了解这一点，做到坦然。只要付出了100%的努力，是否能够上最好的大学也没太大关系。大学只是人生的一个新开端。我经常喜欢举的例子就是，马云是杭州师范学院毕业的，我是北京大学毕业的，但是马云今天的成就比我高很多。所以，上了顶级大学并不一定就能顶级成功。一个人的成功原则上跟上什么大学没有必然的联系。

我们为什么考大学？

中学是人生最关键的奋斗阶段。但是在说这个问题之前，我们需要弄清一个问题，那就是我们为什么要上大学。上学从某种意义上就像爬山，如果说上小学是爬一座小土丘，那上初中就是爬一座中不溜的山，上高中就相当于爬了一千多米的泰山，而上大学就相当于爬了一座几千米的高山了。为什么？因为人生最重要的就是站得高、看得远。什么东西能让你以最快的速度站得高，看得远？那就是你的知识结构、眼光和眼界。什么地方最能搭建知识结构，培养眼光和眼界？肯定不是你的家乡，不是高中毕业以后就去打工，也肯定不是自己闭门造车。毫无疑问，最快的方法是上大学，而且上的大学越好，你的思路和眼界打开得就越快。好大学的好老师多，有思想的人多，有能力的同学多，有不同思想可以给你启迪的人也多。而且好大学一般都在大城市里，你会不自觉地碰到很多事情，然后成长。这种环境对于成长是很重要的。我们都知道：一颗种子种在没有阳光的地方，或者在没有营养的岩石中间，可能长不出来；在贫瘠的土地上，它可能会很纤弱；但如果在土壤肥沃、阳光充足、有雨露滋润的土地上，它就容易长得又高又大又茂盛。人也是这样的。所以上好大学不是为了虚荣，也不是为了给父母一个交代，而是为了自己能够站得更高、看得更远。

就我自己而言，一个农村孩子，如果没有上大学的话，现在肯定就是个农民，我那些没有上过大学的高中同学，现在多在农村劳作，我只是因为上北大，不知不觉把自己的水平提高了。这不是我有多能耐，而是因为进了北大，有一批优秀的老师，比如大家现在比较熟悉的朱光潜、杨周翰、宗白华等。我在北大的时候，他们都还在那里当老师，我还有幸听过他们的课。像比较著名的已经100岁、在《朗读者》中出现过的许渊冲老师，是我当时的翻译老师。除了老师，在北大我还有一批优秀的同学。跟我一起创业的王强、徐小平等，都是我优秀的大学同学和朋友。由此可以看到，我们必须把自己放在一个雨露阳光更加充足的地方。这地方毫无疑问就是大学，不管上什么大学，都比不上大学好。你能够通过跟同学的关系、老师的关系，来提升自己的眼光和水平。

此外，不得不说的上大学的另一个好处就是能够获得人脉资源。比如说北京大学，每年可能都有几万学生，也就是几万校友，这就意味着在全国甚至世界各地，都能遇到北大毕业的同学。遇到事情只要说一声，大家都是北大的，很多事情就变得非常好办。学友、学弟、学妹、学姐、学兄、老师，在一个人情世界里，人脉很重要，中外概莫能外。你如果不上大学的话，就不可能认识这些人。不仅北大，地方大学也是一样。我曾经到一个地方，结果发现那个市里的公务员，有一半来自当地那个地方大学。这么说来，从同一所大学毕业的，互相之间多关照一下，力所能及地帮忙就变得容易得多。当然，这是从一个非常世俗的角度来看这个问题。

而且，人这一辈子总要有那么一些自己全力以赴去奋斗的时刻。如果不曾有过这些时刻，回过头去看的时候，你会觉得人生没有激情和感动。如果没有那些自己奋斗达到目标、自己为自己感动得热泪盈眶的时刻，这一生也算白过了。我觉得这点特别重要。我自己就是这样，每当我想起为了高考奋斗的那两年多，就会很感动。后来做新东方，算是筚路蓝缕，拼命奋斗过，回想起来又激动万分。这样的时刻会鼓励我们在前行的道路上不断创造新的奇迹，然后让自己能够更好地前行。这也是我们要参加高考的另外一个原因了。因为高考是一个外界给我们提供的明确目标，我们可以拼命奋斗实现这个目标。人的一生中，既有明确的目标，又可以得到各种支持，努力之后实现目标，产生巨大的成就感，这种机会真的不多。所以我们要珍惜机会，全力以赴地准备高考。

有了理想，有了恐惧，有了动力，我们还要好好思考我们要做什么，以及怎么去做，这一点一定要想清楚——我们要在很多阶段都把这一点想清楚。当然，这并不是说你没有考上好大学，高中毕业就去工作或者上了大专就一定不好，但是你需要知道的是，人生无忧无虑、可以潇洒的青春时光，一定只在学校里，是青春时期的高中三年加上大学四年。在大学明媚的校园里，你跟同学在大部分情况下没有什么利益纠葛，可以拥有获得纯粹友谊和纯洁爱情的机会，可以心无旁骛地在图书馆、教室、宿舍里读自己想读的书籍，谈自己想谈论的话题。这样青春洋溢的四年时光，如果不争取，将会是对人生的一种亵渎。

我们把目光再放得更长远一点，有些人为什么后来会过得越来越平庸？一个主要原因就是他们放弃了自己的理想，放弃了自己的追求，过早地让自己的生命衰老了。尽管他们还活着，但是已经不再为自己的青春激动，不再为自己面对未来的那种感觉激动。其实，我们每一个人内心都希望自己的世界越来越大。第一次走出县城，你可能会很开心，而走到省城，走到北京，从北京走到纽约、伦敦、巴黎，也一定会很开心，到名山名水也是如此。这种人生半径的拓展，很大程度上就是从高考开始的，因为你上了大学有了一定的知识结构，才有不断拓展的机会。而未来你在工作岗位上能力越强，拓展的机会就越多。对于我来说，作为一个农村孩子，原来连走到县城都没有想过，而现在能去的地方远远不止县城了。中国的每个城市我差不多都走到了，世界的大部分城市也都到过了，很多大美山川和文明古国，我也都去过了。回过头来看，我感觉人生其实就是靠自我青春的驱动，靠自我对世界的更大的追求，来不断发展自己。

生活中，还有很多同学没有独立生活过，因为从小都依赖父母，衣食住行全部都被父母安排好了。其中一些人，居然一想到外面独立生活就有点害怕，只希望自己在出生的城市读大学，在出生的城市工作，我觉得这不是一个好现象。因为对于我们来说，只有放飞自己，让自己从思想上、生活上、精神上更加独立，未来才会有更大的出息，世界才会变得更大。所以，我对同学们有一个建议：高中毕业选择的大学，离你的家乡越远越好，离你的父母越远越好。因为越远，你越独立，自我成长能力越强，成长的速度越快。

过好中学生活的六项建议

如何过好中学生活是一个比较大的话题，大部分同学中学生活过得都还可以，只是学习压力太大，同学之间竞争大，心情偶尔会有不愉快。如果把这些撇开的话，高中和初中应该是最好的日子。但即便各种各样的考试是我们生活的主线，压得我们喘不过气来，我们依然可以把中学生活过得更好。

　　对于如何过好中学生活，我有六项建议。第一，在中学阶段，至少要把一门课学到得心应手，在全班排名前几，建立自信心。就像我们每个人都有一个心理支撑点，有一项超出别人的技能，这样能让我们建立自信心，肯定自己的智力，因为这门课能学到这么好的水平，表明自己并不笨，同时也会让我们觉得，既然这门课能学好，其他课以后也会学好。建立自信心和自我肯定，真的非常重要。拿我来说，从初中到高中，数学、物理、化学基本上都是不及格的，但我之所以能够坚持高考，完全是因为我的语文成绩好，可以说是比我们年级的其他同学都要好。我就觉得既然我语文这么好，那么英语、历史、地理原则上应该也能学好，所以我就一年一年学下去，最后取得了不错的结果。

　　第二，一定要和同学搞好关系，这种关系是简单明了的友情，最好再有几个特别好的朋友。如果同学之间钩心斗角，那这样的同学关系就会很麻烦。一个班级如果同学之间不能和谐相处，不是透明的、兄弟姐妹般的关系——当然谈恋爱也是正常现象，而是互相猜忌，这个班是搞不好的。同学关系好是靠大家共同努力的，这样中学生活才能过得愉快。对于个人来说，不管其他同学关系怎么样，要自己努力，帮助同学建设一个简单、开心的环境。一个人的幸福感也来源于此，来自和周围人的良好关系。你跟父母关系好，幸福感就会很强；你跟老师关系好，幸福感会强；你跟同学关系好，幸福感也会强。人一旦有了幸福感，再专注地去做别的事情，就会感觉很轻松，不会耗费太多的精力，也不会让自己的心情受到大的影响。

　　第三，至少参加一项课外活动，这项课外活动是你自己选择的，它的核心在于能使你放松心情，能暂时 Take your mind away from your courses（让你的思维远离功课），让你放松。它可以是打球，也可以是吃烧烤，只要能放松自己的心情就好。我在高考前是班长，当时带着班上同学一起到长江里游泳。长江有一个沙滩，不是很危险，我们就在那里放松心情。

第四，每个月至少读一本课外书。国家新的语文大纲，要求学生从小学到高中读几百万字的课外书，但做到的人并不多。中学生从初中开始，一定要每个月至少读一本课外书，可以是诗歌，也可以是有营养的小说，还可以是散文、历史、哲学……这些书跟你的考试可能有关，也可能无关，但一定要读。因为读这类书有两个好处：一是能让你短暂地从高考压力中解放出来；二是能潜移默化地增强你的想象力和创造力，对你未来的语文考试，甚至英语考试也会有好处。如果条件允许的话，你还可以一个月去看一场电影，这些电影当然要是好电影；如果没有这个条件，可以用电脑、手机，看看视频网站上的高分电影。

第五，如果条件允许，暑假抽出 10 天时间，或者寒假抽三五天时间去旅行。在学生阶段，我们都还是有假期的，尽管寒暑假更多时间还是用在学习、复习上，但也要出去走走。至于怎么旅游，你可以选择，国外、国内都可以，参加夏令营或俱乐部也都可以。因为旅行可以让我们扩大眼界、放松心情，把身体中积累的垃圾清除，为重新开始全方位的学习做准备。

第六，我不反对大家高中的时候有朦胧的感情。人到了这个年龄，完全压抑是不通人性的。如果完全没有，那要不就是你感情不丰沛，要不就是内心给自己的压力太大，这也没关系。这件事最重要的就是不要让高中的恋情影响自己考大学的事业前途。因为高中的感情有两个特点。一是不稳定，今天好，明天不好了，今天发脾气，明天不发了。这个阶段的男生、女生的心理没有达到完全成熟的程度，对彼此的个性考虑不全面，很容易造成心情波动起伏。这种起伏极有可能会影响你高考的专注力和动力。如果为了一段不确定的感情把高考弄得一塌糊涂，就得不偿失了。二是高中恋情虽然很美好，但是一般来说，未来成功的可能性极小。就算上了大学还能保持高中恋情，大学毕业能够结婚的也非常少，所以它更多是一段美好的青春经历。虽然只是一段美好的青春经历，我们也不能因为没有结果，就不去碰了。我们需要有克制能力，能控制自己，要互相鼓励，为了考上更好的大学，共同努力奋斗；要保持心情上的平和，不管是合还是散，在这个年龄都是正常的，别为这件事过分悲伤、过分情绪化，不要影响高考。

只有考上好大学这一条路吗？

关于为什么要考上好大学，我已经说了很多。但是回归到根本，最适合自己的大学，才是好选择，这也是最重要的。每个人的智商、情商都不同，学习能力也不一样，如果自己的学习能力并不高，还非要选北大、清华，最后痛苦的只会是自己。

那怎么找到适合自己的大学呢？这里面有两个选择标准。一是要选择适合自己的环境，这里的环境包括所在城市及其气候、校园环境等，这些都要考虑。二是适合自己未来的发展方向，包括你的爱好、所选的专业等。比如你对艺术非常感兴趣，却非要选北大计算机系，这就是对你艺术才华的浪费。现在我们常说，不管你选了一个怎样有"钱景"的专业，大学毕业以后，有一半同学都是不按照自己的专业去设计自己的人生发展路径的。所以专业对你来说，重要的不是未来能不能挣钱，而是喜欢不喜欢，能不能激发你的天赋和潜能，这才是最重要的。

虽然我说适合自己的是最好的选择，但并不是说现在的成绩适合到某一个大学甚至到某一个大专去，就选这个够得着的学校。不要这么想，因为选择目标，总要跳起来够得着才合适。我们有跳起来的能力，虽然够不着云、够不着天，但是可以够着自己的天花板。所以，目标的选择要在自己现有的能力之上，要让自己拼命地努力拔到更高的水平。再者说，人总要有一点竞争心理。以我跟我儿子打篮球为例。他一个人打的时候，投篮总是慢慢悠悠的，我参与就会给他设置一些障碍，他想投篮的时候就被我挡住，这就激发了他的斗志——他就跑得更快、更稳、更灵活。这就是为什么我们人生中需要适当的障碍和困难。这些障碍和困难不是让你在障碍和困难中倒地，而是要激发你的斗志，让你更加愿意拼命。当然了，这个障碍、困难不能大到超过你的潜力，如果你根本克服不了的话，那这件事也就黄了。所以关于努力，我们要有够得着的意识。

其实我们的人生不仅仅是为了考上一个好大学。上大学之所以很重要，说白了是因为它是我们人生的起点——学专业，交新朋友，重新思考未来，我们的人生从大学阶段才刚刚开始，而不是说考上一个好大学就是人生的结束。很多高中生一直想要考上一个好大学，结果有些人虽然考上了北大、清华，但到大学后也是各种迷茫。因为他们从来没有想过到了北大、清华以后要干什么，觉得到了北大、清华就完成了人生目标。其实事情远远不是这样。人生漫漫长路，要走七八十年，这七八十年间，大学给你带来的影响尽管很重要，但是跟你一辈子的责任相比，也只不过是个开始而已。

所以，有一点请大家记住了：到了大学以后，你一旦选择了一条路，就一定要心无旁骛、努力前行，跟在中学一样。在大学最好的学习方法也是把一门专业学到很优秀的地步。

对于没有考上大学的同学，我觉得需要记住一点：人生要一直保持生命的活力和追求。不能因为没有考上大学，就丧失活力、随波逐流。因为生命的展开和人生的精彩是我们主动努力追求的结果，是保持生命活力不断前行的结果。我们知道很多名人是没有上过大学的，比如梁漱溟、华罗庚、巴金等，他们有的是初中毕业，有的是高中毕业，这当然跟他们所处的时代有关，但这没有阻挡他们成为著名的大家。相反，那些考上状元的人，最后变成名人的并不多，而一些从来没有成为状元的人却为中国的文化和发展做出过许多贡献。

总的来说，人生一辈子是靠自己奋斗的。我还想说的是，我目前算是取得了一点点成就，尽管跟北大有关系，但并不只是因为我去了北大，更重要的应该归结于我把每天的时间都用来努力追求生命的精彩，以及勤勤恳恳地工作、读书，我觉得这些东西可能更加重要。

七个成功要素与习惯的力量

美国曾经有一些研究，得出了成功的七个要素。第一个是好奇心，如果一个人对世界保持好奇，对自己好奇，对未来的工作充满好奇，就有了成功的基础。第二个是坚毅，就是坚韧不拔的意思，也就是面对失败痛苦完全不当回事的能力。第三个是自我控制（self-control），你要能够自我控制。那什么叫自我控制？比如：同学在一起吃烧烤，你因为要完成作业，必须控制住自己的食欲不去吃；你明明可以打游戏，却愿意用这个时间来读一本自己喜欢的书。这种控制能力是人的典型能力，愿意为了将来一个更大的成功，牺牲眼前的快乐，这个能力是了不起的。第四个是对生命有热情，如果你对生命怀有热情，对未来持有美好期待，那么就更加愿意去奋斗。第五个是社交情商，如果你能够很好地跟人打交道，跟同学的关系和谐，那么你就更加容易成功。第六个是懂得感恩，你对这个世界很满意，觉得这个世界值得我们感恩的事情太多了，没有天天抱怨或者心生怨恨。我们为什么要感恩呢？举几个简单的例子。现在的手机跟二十年前相比是几十台电脑的容量，一开开关就有灯光，一拧开水龙头就有水，这些便利是从前无法想象的。现在父母为孩子提供了更好的学习条件。这些都值得我们去感恩，感恩父母为我们创造了这么好的学习条件，感恩老师天天不辞劳苦地来教我们。第七个是乐观，就是能够永远鼓励自己往前走。这七个要素对我们每个人都是非常重要的。

  除此之外，我们还需要重视习惯的力量。良好习惯的养成对一个人非常重要，你要把好的行为不断重复变成习惯，练得多了以后慢慢就变成自然了。比如你每天坚持早上六点半起床，就算是没有闹铃，六点半你也会醒。这种习惯会影响你的个性，而个性可以改变命运。所以我们一定要养成好习惯，比如作息时间一定要正常，饮食一定要健康，一定要锻炼身体，这三点特别重要。在作息上，好多同学会熬夜熬到两三点，结果早上起不来，那还不如晚上12点睡觉，早上6点起来，这样可能更好；还要多吃水果、蔬菜，要锻炼身体。另外一个很重要的好习惯就是做事情有专注力，能充分利用时间。所谓做事情专注就是说，如果你决定这个小时做数学，那么任何事情都不能打扰你。你不能一边看手机或者一边听音乐，一边做数学，你的专注力会被分散，这样时间长了，智商也会下降的。所以一定要培养自己的专注力，充分利用时间。与此同时，还要坚持的一个习惯是做计划，每天、每周都要做计划——今天要干什么，这周要干什么，做某件事情大概要花多长时间，要具体到从几点到几点，这样你就会按照自己的计划走，不会轻易被其他事情干扰。如果有干扰的话，不是特别重要的事情就一概拒绝，这样你的计划才会顺利进行，学习效率也会迅速提高。最后，我想强调的习惯是学会让自己放松。每天给自己一点点放松的时间，这样你在学习上会更加专注，效率会更高。至于放松，可以选择的方法很多，甚至打游戏也是可以的，只要不陷进去就行。

此外，我想对父母说：一定要让孩子有独处的时间，不要天天24小时盯着孩子。让孩子独处，独立思考，对孩子的成长大有助益，只要确定孩子在学习，而不是做坏事就可以了，这样孩子内心也会更加放松。现实中，有些孩子之所以烦父母，就是因为父母什么都问、什么都说，而且常常打扰孩子，这种做法会使孩子特别难受。

总而言之，我认为中学生活应该是特别美好的，如果我们把中学生活搞得很糟糕，那是我们自己的问题。所以我写了这样几句话：

这是美好的中学，我们情窦初开，我们友情如水，我们学习，我们追求，我们向往，我们奋发，我们迷茫，我们失落，我们焦虑，我们挫伤，我们需要好老师，我们更需要好朋友。这是我们从温室走向世界，是我们从沙滩走向海浪，我们的青春我们做主，我们的生命我们歌唱，我们在奔向未来的道路上，阳光是我们的生命之光。

这就是我对中学的感觉，就像大家很熟悉的那首《阳光总在风雨后》中唱的："人生路上甜苦和喜忧，愿与你分担所有，难免曾经跌倒和等候，要勇敢地抬头。谁愿藏躲在避风的港口，宁有波涛汹涌的自由，愿是你心中灯塔的守候，在迷雾中让你看透。阳光总在风雨后，乌云上有晴空。珍惜所有的感动，每一份希望在你手中。"所以我相信对中学同学而言，未来的世界还有很长的路要走，未来的空间还很大，阳光总会等着你，不管有多少风雨，每一份希望都在你们手中。.

高考就这么准备

高中阶段有特别的学习方法吗？对于这个问题，我的回答是：当然是有方法的。

第一，确定自己的天分在什么地方。千万不要不顾自己的兴趣，仅按父母的要求去选择文理科。很多父母要求孩子按照自己的要求来选文理科，我觉得这是不对的。同学们自己决定到底选择哪一科才合适。当时，我在这一点上是受益无穷的。因为我语文比较好，所以我认为我的语言学习能力应该还是可以的。后来尽管高考失败了两次，但是最后考上了北京大学，表明我的选择是对的。如果我当时学理工科的话，估计我拼命地学，最多也就考个大专，或者根本考不上。天分决定了你对一门课是否擅长和喜欢程度。大家往往对自己喜欢的事情能做得很好。就像有些农村老大爷，象棋下得很好，甚至能变成区域棋王，但是他连字都认不全。原因很简单，就是他喜欢下象棋，天天琢磨，自然而然在这个方面很厉害。

第二，确定了自己的天分以后，你就要主攻自己有天分的课程，充分建立自己的学习自信。就是我前边反复说的，把一门课学到非常厉害，这是最好的学习方法，原因我说过很多遍了，就是建立你的自信。

第三，一定要在有限的范围之内反复地训练，以提升自己的思维速度和敏锐性。什么叫有限范围之内？以学英语为例，是把十本教科书每本看一遍好，还是把一本教科书连续看十遍好？毫无疑问是一本教科书连续深读十遍好。因为熟能生巧，自己会在不知不觉中提高。学习就是这样一个过程。你最开始感觉不到有太大效果，但通过不断积累，突然有一天会发现自己豁然开朗。就像我们说 good morning（早上好）完全没有问题，good afternoon（下午好）也完全没有问题，因为我们重复了千百遍，可以不假思索地说出来。但是更加复杂的内容，我们就不一定能说出来了，因为看过一遍就忘了，所以这就需要我们在有限的范围之内不断训练自己，不断提升自己的思维速度，提升自己的敏锐性。

说到反复训练，我想说熟练是非常重要的，但熟练不是死记硬背——死记硬背是不怎么动脑子的，到头来也只是一团死东西，对你来说没有太大用处。我在此说的熟练是对于同类问题不断提高自己的思考能力和灵活的反应能力。在这里，我要给大家讲一个我的故事。

我第三次准备高考，差不多是那一年的四月，当时我的英语成绩还只有70多分，这个成绩能上大专，但是绝对上不了大学。当时，我已经把老师要求背的40多篇课文全部背下来了，但一到考试，不是出现语法错误，就是单词错误，又或者是翻译错误，分数就是提不上来。我都有点绝望了，后来英语老师给我们分享了300多个英文句子。他说，谁要是把这300个句子背得滚瓜烂熟，高考成绩一定能有所提升。于是，我就开始背。但当背到第10句时，我就发现不对了。因为我会背不等于我理解这个句子，不等于我对这个句子能快速反应，不等于我对里面的每一个词组、每一个词语的用法能产生敏感性。所以后来，我就换了一个方法：把300个句子全部翻译成中文，然后在已经快忘掉这300个英文句子的情况下，我又把它们都翻译成英文。翻译后，我再去找原来的英文句子进行对照。对照之后，我发现原来这个单词拼错了，那个地方单复数错了，原来语序应该再调整，这一下子让我的头脑开始产生对句子结构的敏感性、用词的敏感性，等等。之后，我又从第一句翻译到最后一句，翻译到后边，前面又忘得差不多了，再重新开始，就这么循环往复七八遍，我用了一个月的时间。最后，我基本上能做到看到一句中文，就能写出来英文，超级流畅，一字不错。而且对为什么要用这个词，为什么用单数或复数，我也都非常清晰、熟练。这样练习下来，我的英语成绩一下子从70多分提高到了90分左右，一直到我高考，英语都是90多分。

所以，学习不是死记硬背，不是把不懂的东西记住就行了。我们要反复训练，弄懂，吃透。这个方法不光可以用在英语上，还可以用在数学和其他学科上。你可以把不懂的难题请人讲几遍以后，从第一道题做到最后一道题，再从第一道题做到最后一道题，每道题尝试用不同的解题方法，直到对每一个题目的解题方法都熟练掌握。这中间当然要用到一些背的技巧，比如说一些物理公式、定律、化学元素表等，这些知识如果不背的话，做题速度就跟不上。就像中国人乘法口诀表背得非常熟练，但美国人不会背，在这一点上，美国人的反应速度就比我们慢很多。所以，学习就是一个不断提高反应速度的过程，不断把两个不同的问题连接在一起、找出新的解决方法的过程。

对于学习过的东西，还要定期复习。中国有一句古话叫"温故而知新"，就是说学过的东西，不复习就会慢慢忘掉，而不断复习能让我们领悟新的东西。老师讲过的内容，不做题的话你可能一天就忘了，如果做了题的话可能两三天会忘，但如果这个题目做了两遍，你可能一个星期才会忘。如果你把这个题目按照记忆规律做了三到五遍，那可能一个月才会忘。这样复习的越多，记忆时间就越长，你对题目的敏锐性提高得也越快。所以在高中阶段，学的多、做的题目多，不如把不会的题目多做几遍，这样你的思维就越敏捷，成绩提高得就越快。

讲点学习上的干货——以英语为例

面对高考，心态很重要，学习方法也同样重要。我就以我的经验讲讲英语学习的方法。所谓的英语学习方法，我把它叫作"Study English Easy Way"，就是用容易的方法来学英语。

首先，我们对中文和英文做一下比较，看看它们到底有什么区别。其实，两者之间的区别还是比较明显的。在生活中，我们讲的话就算文盲也可以听得懂，美国人说英语的时候也可以对着文盲讲，尽管中文和英文发音不同，但它们的本质都是发了一连串同一语种的人可以理解的声音。就像老师讲课的时候，你们即使没看到任何文字也知道在表达什么。所以从口语的角度来说，语言的语音传递没有区别。任何语言重复多了以后，就会在我们的大脑中形成对于声音意义的自然反应，由此我们就抓取了意义。

可能有人会问，英文的听力和口语怎么学起来那么难？其实主要还是重复太少了。以小孩子为例,从出生到会叫妈妈,你知道"妈妈"这个词在孩子那里重复了多少遍吗?可能已经近万遍了。妈妈从开始抱着孩子就不断重复"妈妈"这个词。为什么孩子常常先学会叫"妈妈",后会叫"爸爸"?很大原因是爸爸不会天天抱着孩子说"叫爸爸","妈妈"和"爸爸"这两个词发音并没有难易之分。所以从口语角度来说,孩子听"妈妈"听得多,就会首先抓住这两个字来重复。

我们现在听标准中文没有任何困难,不是因为我们天生就是中国人,而是因为我们从小到大就在中文的环境中,听了无数遍。因此如果有人问我怎样练习英语口语和听力,我的答案很简单,拿一本口语书,做到每个句子都能有质量地背得滚瓜烂熟,到英语有了一定基础后,照着一部美国电影或英国电影,动画片也可以——主要看你学英音还是美音,把里面的每个句子都听得滚瓜烂熟,再自己不断地重复。在这个过程中,你不需要做太多思考,核心就是不断重复、日积月累,突然有一天你会发现口语和听力对你而言不再是难题了。在这点上,中文和英文的难度是没有太大区别的。

中文和英文的书写区别是十分明显的。我们的汉字是象形文字,但英文单词是拼音文字。拼音文字的特点是什么?读音和字母拼音差不多,比如说"cattle"(牛),c发/k/,a发/æ/,t发/t/,你看到拼写马上就知道它的读音,而当听到这个单词的时候,你也能够大概拼写出来。但是象形文字就不同了,如果你没学过,就是写不出来。这就导致我们对中文和英文的记忆方法是不一样的。中文,我们就是要死记硬背地记下来,这就是小学时老师会要我们一个字抄写100遍的重要原因。但英文单词不需要抄写100遍,如果你掌握了方法的话,抄写两遍就差不多了。在某种意义上，英文单词比汉字要好记些。

好多人可能会有不一样的感觉，感觉背单词很难。这还是因为英文说得太少，背单词自然会难。你要会讲英文了，背单词也就不那么难了。比如说，如果你知道"牛"是"cattle"，那c-a-t-t-l-e还难背吗？而对于外国人来说，由于他先会说英文，所以读英文是不难的。比如说我女儿小时候老唱一首歌，有一句是"A is /ei/ alligator, B is /b/ baseball"。她就把26个英文字母如何发音唱出来了。你会唱这首歌以后，再看到其他单词就会发音了。这就是英文在发音上以及学习方法上和中文的不同，也是为什么有些外国人虽然不上学，但仍然能自学把英文读出来。

但是中文就不一样了，如果没有学过汉字的话，我说一句"春江潮水连海平，海上明月共潮生"，你是写不出来这几个字的。拼音虽然可以帮助我们知道发音，但是完全读不出这句诗的美好。汉字很难用拼音代替，只有掌握它你才能够体会到它所传达出来的意境。所以说中文是世界上最美的文字之一，是毫无疑问的。

这也是中文难学的一个重要原因。对于我们来说，学习中文也锻炼了我们的记忆能力。你可能发现，我们中国人的记忆能力比外国人好，这是我们的优势，当然也是弱势。优势是我们记得快，弱势是因为要背，所以花了很多时间在这上面，留给独立思考的时间就少了。

中国学生学英语的优势和劣势在什么地方呢？一个优势就是我们有超强的记忆能力。我们很习惯于记忆，我在大学的时候背了3万多个单词。有了这个能力，我们很容易记住很多单词，还有语法规则，这是中国学生不害怕做阅读理解和语法题的原因。但我们在听和说上，就有比较大的问题了，因为只会读不会说，有点本末倒置了。

我们学习英语的另外一个优势，就是我们有很强的发音模仿能力。我们身边会讲英语的人，发音都还是不错的，尽管有时候也有一点不标准，但基本上都能让人听懂。但是日本人和印度人讲的英语，很多人是听不懂的。比如印度人说"喝杯咖啡"，会说"der-link"（其实是 drink），而且很难改过来。总而言之，我们的发音能力使我们只要想把英语学好，就能够学好。这个优势与我们中国人的舌头比较灵活有关。为什么呢？因为我们很多人打小就会讲地方方言和普通话，这实际上锻炼了我们大脑的转换能力和舌头的灵活度。所以我想对家长们说一句，如果你的孩子既能讲普通话，又能讲地方话，一定要继续保持，不管是讲广东话、上海话、四川话、东北话……不要要求孩子只能讲普通话。这样的话，对他未来学习英语或者其他语言都会有很大的帮助。

那学习英语的困难是什么？首先就是英文的句子结构与中文是明显不一样的。当然，对于这一点，我们是可以克服的，只要掌握了英语句子结构的规律就行。比如说"我早上去上学"，中文是先加上时间，再加上发生的动作"去上学"，但是英文不能说"I in the morning go to school"，而是"I go to school in the morning"。英文一定要先把主谓宾说完，最多中间加上副词，把定语、状语等放在后面。你要是想把状语放在前边，专门强调是早上，也可以说"In the morning, I go to school"。当理解了英文的句子结构以后，学英文就相对比较容易了。

听力作为高考的必考项，一直是很多孩子的弱项，对应的口语也一样。很多同学的听力之所以差，是因为平时听得太少、说得太少，况且口语在大部分情况下都不考。那我们要怎么解决听的问题呢？在做历年高考卷子的时候，反复听听力部分，认真听，做到每一句都听懂，这是唯一的办法。听完以后，如果你还不过瘾，就把听到的东西读出来，照答案读出来，再听，直到听每句话都像熟人对你讲话一样，这样才行。听力不涉及太多的智力问题，而是你耳朵的反应问题，只要反应速度快，就能听得懂。正如你听中文没有任何困难，因为听得太多了。至于英语听力句子中的一些转折等，就需要你去关注了。比如第一句话"So it's really cold outside, you should wear a scarf to keep your neck warm"（外边真是太冷了，你应该戴个围巾来给脖子保暖），第二句"That's a good idea, if only I had one with me"（真是一个好主意，如果我有围巾就好了），所以当提问"What does the man mean"的时候，你的直接反应可能是让他戴围巾，但实际上考察的是转折的问题，这里的关键在于"if only"。这个转折就表明他没有围巾。遇到这样的词组性的问题，我们的耳朵反应尤其要敏锐。能锻炼我们耳朵反应能力的方法只有多听、多练，没有别的办法。

关于英文背单词的问题，有很多方法，但效果最差的方法就是死记硬背。很多人喜欢把单词拆解着背，比如"scream"（尖叫），就s-c-r-e-a-m这么背，那背单词基本就没戏了。刚学英语的时候，你可以这么背，但是到了一定程度以后再这么背，你就会非常痛苦。这时，你要用记忆法来背单词，也就是说，不把单词拆成一个个字母来背，而是变成一个个有意义的分解来背。比如大家比较熟悉的"welcome"（欢迎），就可以把"come"（来）和"well"（好）连在一起，少一个字母"l"就可以：你来了，好，我欢迎你。把单词分成块来记，就比较好记了。

要想熟练地记忆单词，有两个关键点：一个是要减少记忆元素，另一个是要尽可能采用形象记忆。大家知道，形象记忆比抽象记忆更能让我们深刻地记住。什么叫减少记忆元素呢？比如说背单词按照字母背的话，记忆元素就太多了，几个字母就是几个元素。比如 scream，一下子就是 6 个记忆元素，但把它拆解成 s 加上 cream，就变成了两个记忆元素。加上 cream 作为奶油是有形象的，所以后一种拆解就是减少记忆元素，增加形象记忆。还可以想象一下记忆数字。随便举个 12 位的数字，比如 141584851957，一个一个记的话，就变成了对 12 个元素的记忆，会比较难。但我们平时说电话号码都是分组记的，我们把这 12 个数字也分组，1415-8485-1957，这样记起来就方便很多。如果这样依然不行，你还记不住，那就考虑把它形象化，比如 1415 谐音"要死要活"，8485 变成"不死不活"，1957 变成"要救护车"。

我曾经问记忆大师他们是如何记住扑克牌以及一连串数字的顺序的。他们说其实很简单，就是编故事，把记忆形象化。所以当把一个单词拆解、减少记忆元素、形象化以后，你就能记得更好。

还有一种更加科学的记忆方法，那就是词根词缀记忆法。所谓的词根词缀，依然遵循我们刚才说的原则，把元素科学地合并，再加上形象记忆就出来了。什么叫词根词缀？比如 respect（尊敬），这个词有一个词根叫作 spect，是"看"的意思。re 作为前缀，是"再一次"的意思，所以 respect 这个词意思就是"再看一次"。因为对你尊敬，所以我再看你一眼，这就是 respect。而另外一个很相似的单词 inspect（考察），加上前缀，是硬往里看，那就是检查、考察的意思。相似的还有 suspect，su 是"在下面"的意思，合在一起就是"怀疑"。可见，学会了词根和词缀以后，背单词就会变得容易很多。不管学会了哪种方法，都可以让学习英文变得容易。

下面，我们看一下中英文的句法对照。我们可以从文言文中发现，中文句子越简短越好，而英文句子是越复杂越好。中文所用的"不仅""而且""因为"都是从英文学过来的，原来中文是没有这样的连接词的，都是一句一句的。所以我有个比喻：中文的句子像竹子，一杆到底；英文像一棵繁茂的树，枝叶横生。举个简单的例子。中文"晴空万里，屋舍俨然，草地如茵，花香四溢"，很漂亮的4个短句子，如果用英文短句来表达，就变成了4个简单句：The blue sky is endless. The houses are beautiful. The grass is green. The sweet smelling flowers are everywhere. 这显然不及格，也没有了美感，还让人感觉不是一句整话。但如果把它们整合出来：Under the blue sky, the houses, which are among the green grass and the sweet smelling flowers are very beautiful. 给 houses 加上一个主语从句，描述房子在什么地方，虽然句子变复杂了，但意思提高了很多。

有些英语句子看似很复杂，拆解以后也是很简单的，因为它们都是简单句构成的，你要掌握其中的规律。比如这个句子：

We often read in novels how seemingly respectable person or family has some terrible secrets, which have been concealed from strangers for years.

这句话的意思是说：我们经常在小说中间读到这样的场景，一个表面上受人尊敬的个人或者家庭，总是有一些非常可怕的秘密；而这样的秘密在很长的岁月中，对于陌生人来说都是被隐藏起来的。

这么长的一段话就是一个句子，我们来分析一下句子的构成。We often read in novels 是主句，它的宾语从句是 how seemingly respectable person or family has some terrible secrets，而 secrets 后面跟了一个定语从

句 which have been concealed from strangers for years。现在把这个句子拆解成三个简单句，你理解起来就容易得多。对于学英语的人，要想把一个句子读得很简单，还要能够拼装回去。

关于句子的拼装，我们还有两点需要掌握：第一点是英语的时态，因为时态决定了这个句子说的是过去、现在还是将来；第二点就是句子的拼装。句子的拼装就是你要学会从句，要看清楚在主语后面的主语从句、宾语后面的宾语从句，还有定语从句、状语从句等所表达的意思和在句中的前后关系。对此，我们要做的非常简单——把这个句子拼装回去。掌握了句子结构，你学习英语的难度也就大大下降了。如果大家想了解句子结构，可以找几十个长句子，自己去把它们拆解开，然后再拼装到一起；自己把长句翻译成中文以后，再倒回去翻译成英文，看看是不是符合原来的句法结构。这是最好的办法。如果只是听老师讲这是状语从句、定语从句、宾语从句，你是没有办法体会太深的。

之后，就要说说时态了。汉语表达时间是用具体词组，比如"我昨天读书了"中的"昨天"。但英语除了具体的时间名词，还可以用结构来表达。比如 I read books，表示"我读很多书"，是每天会做的动作，过去读、现在读、未来也会读，因为它是一般现在时的句子；如果说 I read the book yesterday，有了 yesterday，就是指"我昨天读了这本书"；如果说 I'm reading the book now，就成了"我现在正在读书"；如果说 I will read the book tomorrow，就是"我明天会读书"；如果是 I have been reading this book these days，就是"我这些天一直在读书"；I have read the book 就表示"我已经读完了这本书"。虽然同样是读书，但它们的时态结构不一样，可以表示过去、现在、将来、已经完成、正在完成等。这些如果你死记硬背，掌握不熟练的话，反应不过来也是没有办法的。

除了这些以外，很多在校的同学很困惑一点，就是对英语不敏感。对于这种情况，我有一个建议，也是我最初学习英语的方法，就是用英文把中文翻译出来。这样的话，你会对英语的句子结构有一个更好的了解。比如以下这个例子，原文是：

Last week I went to the theatre. I had a very good seat. The play was very interesting. I did not enjoy it. A young man and a young woman were sitting behind me. They were talking loudly.

I had a very good seat，是"我的座位很好"，很多人再把中文翻译成英文时就成了 My seat is very good，这明显是错的。之所以说座位好，是因为这个座位的位置很好，但座位本身和你本人是没关系的。所以你会发现，原文表达是用的 I had a very good seat。这样将自己的译文与原文一对照，你马上就会发现问题出在什么地方，其他句子也是这样。

通过把英文的汉语意思翻译成英文，再对照原句，你就能立即发现错误，弄懂其中的诀窍。这种对照学习法，比你只靠记单词、记语法要好很多。所以我希望在英语学习中存在问题，特别是要参加高考的同学试一试这种方法，把英文课文的中文意思翻译成英文，再对照原文看自己犯了什么错误，把它改过来，在大脑中形成一次次的冲击，最后对英语表达的敏感性就可以迅速提高。而我们英语考试考的完形填空、阅读理解、翻译等，也是这些内容，比如哪个单词错了、用什么时态等。当对英语的敏感性提高之后，再去看那些题目，你也会有种恍然大悟的感觉。

关于阅读，我觉得能讲的很少，大家就是要多读，读多了才能够提高理解速度，更快地抓住关键要素，缩短时间，提高准确率。阅读有的时候是有方法的，有的时候是没有方法的，就是需要不断重复。

除了阅读，对同学们而言，还有一个难题，那就是写作了，每次考试的最后一道题就是写作。

一提到写作，一些同学脑袋里就是一片空白，因为对于他们来说，写中文作文都困难，更别提用英文了。其实写作是一个熟能生巧的过程，你写多了自然就会写了，而且还可以借助一些学习方法。我当时练习写作时感觉最好的方法，就是模仿写作。就是看到一篇短文，你把它读上几遍以后，尽可能地自己把意思给写出来。就像画画一样，你不会画就先模仿，模仿多了，自然就有了自己画画的能力。所以当看到一篇好文章，你先认真地读5遍，记住其中的单词和词组，之后把原文放在一边，用笔把这篇文章写的是什么，能记住多少写多少，哪怕只记住了一个单词，也写出来。写下来后，你重新看原文，看看哪些地方写对了，哪些地方写错了，然后再重复写。在这个过程中，你理解句子结构的能力、写作表达能力慢慢就练出来了。这是第一步，就是模仿写作。

在模仿写作以后，还要进入第二步，叫作创造性写作。什么叫创造性写作呢？比方说你把好的文章读完了，然后把其中的一些关键词、好的用法给提出来。把这些单词提出来以后，你运用这些提出来的词重新编一个故事。根据提示编故事，你用中文肯定是没有问题的，比如说给你桌子、椅子、下雨这些提示，让你编一个中文故事，你肯定能把它编出来，英文也是一样的。在这里，我肯定无法像老师授课一样讲很细，只是讲这个学习方法。你在练习的过程中，写得对错其实没关系，写多了，慢慢地写作能力就有了。

因为我是英语专业的,又做了新东方,所以在这里,我只是用英语学习来举例,说明学习是有方法的,其他学科当然也是一样的。最后送走向高考的孩子一句话,也是对大家的寄语:英语是 Follow your mind, do your best, practice makes perfect, 中文意思是用心用功,熟能生巧。祝所有要走向高考的孩子,能顺利闯关,揭开人生新篇章。

大学生活到底应该怎样度过？

我之所以想讲讲大学期间的青春生活应怎么度过的话题，一是因为大学生毕业人数持续增多，又遇到新冠肺炎疫情这样一个严峻的挑战，所以对大学生来说，未来还有很多不确定性；二是因为我个人感觉随着社会的发展，我们这些从大学生活、职场和创业的摸爬滚打中过来的人，跟大家聊一聊，也许能够给大家带来一点点启示。

四年青春年华，风声兼济天下

我觉得大学四年的青春年华，如果加上研究生的话，就是七年了，这样的青春年华，实际上为我们成就自己、为家庭做贡献、为社会做贡献，奠定了良好的基础。这个基础到底是什么呢？我要从我的大学生活讲起。

我上大学的时候，有一首非常流行的歌曲《校园的早晨》，估计现在的学生没听过。这首歌曲是20世纪80年代初期的诗人高枫在辽宁大学晨练的时候突然来了灵感创作的,后来由著名作曲家谷建芬作曲:"沿着校园熟悉的小路,清晨来到树下读书,初升的太阳照在脸上,也照着身旁这棵小树……"大学毕业以后,我们都唱崔健的《一无所有》,唱了好几年。

这些歌曲伴随着我那一代人的青春成长,现在听这首歌,发现它描绘了大学生活的一个美好场景:早上起来在老树下读书,太阳照在脸上,在树林中看着小树长大,说不定其间我们还在此经历美好的爱情,直到小树长成参天大树。大学生活可以说是我们青春最灿烂的时候,与高中生活明显不同。大部分人的高中生活都非常辛苦,除了高考还是高考,同学之间互相交流非常少,更少有浪漫的爱情。

我1981年进入北大,那时改革开放已经开始,社会充满了活力、理想、激情与变革。而且,那个时候的中国刚刚从十年浩劫中走出来,产生了巨大的时代红利。可以说,我18岁的时候,真的是赶上了一个黄金10年。我到现在还清楚地记得几件事情:一是不管是文科生还是理科生,大家都以写诗作为自己的"正业"。也就是说,如果你不写诗的话会被人当作没有水平。而且当时大学女生找男朋友看的不是这个男孩子家里有没有钱、父母是不是高官或者企业家,也不是男孩子能不能出国,而是这个男孩子能不能写诗、他写的诗有没有发表或出版过。如果有,这样的男生就可以作为自己的男朋友。

当时像北岛等著名作家的诗,我们都会背。而且在我进北大到在学校工作的5年时间里,北大出了一批著名的诗人,大家比较熟悉的可能就是海子和他的"面朝大海,春暖花开"。当时很多人熟悉一个叫西川的诗人,他的真名叫刘军,就是我的同班同学。西川、海子、禄语,号称北大的"诗歌三剑客"。

当时我在北大也写诗,希望自己也能写出好诗来,得到女孩子的青睐,可惜没写出几首好诗。我的诗尽管也在学校的《诗歌报》或者《星星报》发表过两三首,但多数是默默无闻的。当时,刘军他们还有诗歌朗诵会,甚至还有其他大学的学生来参加,有三四千人的规模。我常跟他们开玩笑说,他们朗诵完诗歌之后,意气风发地在前面走,后面一大帮女孩子追他们,而我又在一大帮女孩子后面追着跑。当时就是这样的一个状态,大家可以感觉到那种浪漫情怀。

除了写诗,唱校园歌曲的也非常多,现在的大学校园歌曲要少一些,因为大家都去KTV了。我们当时唱歌是在校园的草坪上。那些会弹吉他的男同学特别受女孩子青睐,如果歌声又特别好听的话,会有很多女孩子过来听。在草坪唱校园歌曲是那时特别时尚的事情,可以说比现在在KTV唱歌要浪漫很多。当时在天广地阔的月亮下面,在图书馆前灯光掩映的草坪上唱歌,特别抢眼,当然这事也依然轮不到我。

在大学期间,延续至今的一项活动,应该就是卧谈了吧。我不知道现在大学生在卧谈的时候说什么,但可以肯定的一点是,谈论男女朋友关系是出彩的,不管什么年代,它都会成为大家卧谈的主题。但不同的是,我们那时的大学男生几乎没有几个谈恋爱的,谈恋爱也没有跟女孩子发生关系的,那时的人对这个话题的谈论都充满了浪漫的遐想。而现在大家的谈论可能更直白一点。而且我们当时谈的最多的不是男女关系,而是自己读的书。

我们那个时候,所有大学的读书氛围都是非常浓烈的。对于大学生活,有一点大家一定要搞清楚,那就是怎样过才能给自己提供超级营养。

4年大学时间，如果你都没有热爱学习和追求智慧，那你的人生不会有很大的飞跃。

现在有好多同学说，上大学还是为了上课、考试，这肯定是不对的。大学不仅仅是为了让你完成课程的考试，更重要的是让你喜欢上学习，有对知识的追求，尤其是对智慧的追求，钻研自己喜欢的东西，并且一直坚持下去，同时还有一群朋友和你一起。跟同学在户外或者宿舍里探讨人生问题，探讨自己学到的知识，通过同学之间的辩论让自己不断长进，这才是大学生活最重要的。

如果你在大学没有爱上学习，没有爱上读书，没有爱上读书背后真正的智慧，那大学4年就白过了。我还要说的是，你可以不喜欢上课，但不能不喜欢读书。以我为例，尽管我在北大期间完成了二三十门课的学习，但是真正喜欢的不超过5门。可我真的喜欢学习，喜欢读书，因为读书和学习能让我把知识的网络架构起来，不断扩展自己的眼界，放远自己的眼光，最后在不知不觉中提高自己的水平，自己的起点也会更高，未来的舞台也会随之变得更大。

另外在大学里，你要学会独立思考和精神自由，否则你可能会变成生活和物质的奴隶。一个人变成生活的奴隶，跟他有多少物质是没有关系的——有钱人会变成生活的奴隶，没钱的人也会变成生活的奴隶；不管有钱与否，这些人都会被生活所累。而要想摆脱物质的影响，自己主宰生活，只有一种方法，就是你要会独立思考，在精神上自由，追求更高的生活状态和境界。需要强调的是，这绝不意味着你可以在现实中不努力。很多例子都说明会独立思考、精神自由的人往往在现实中也能做得很好，甚至更好。大家现在所知道的马云、高晓松、罗振宇、樊登等人,他们都毫无疑问是独立思考的人,生意也做得非常好。

我的成长过程也是很有意思的。在进大学之前,学习的都是正统的理论,自己的思想也是中规中矩的,但到了北大以后,我发现我的同学、老师谈论的东西都是我不懂的,而且在当时的我看来都是"异端邪说"。但久而久之,通过阅读、自我理解,我就逐渐意识到原来自己有些想法是错的。这就是一个渐进的过程,就像你将来再看现在的有些想法也是错的,而这个过程可以让你养成独立思考的习惯,精神也能提高到一个新的境界。我们的人生之所以能够自己主宰,就是因为我们的精神境界达到一定高度,而且意志坚定。但是光意志坚定不够,如果人还处在愚昧状态,也是不行的,因为这时的经历是低层次的。而要达到高层次,你要弄清楚自己的方向和目标,然后锲而不舍地追求,这样才真的有用。

我还想说的一点是,如果大学 4 年你都没有为青春做过"出格"的事情,那你的一生可能会平庸多于绚烂。没有人想一辈子过平庸的生活,但是很多人不知不觉就陷入平庸之中。

为什么?因为从来不"出格",意味着你比较安分守己、循规蹈矩,随便一个人说这个事情不能干时,你就不去干了。如果这样,你的生命中也不会有太多精彩的东西。那什么叫"出格"呢?我举几个例子,比如:你有没有勇敢地去追求自己心仪的女孩子或者男孩子?有没有跟朋友在一起聊天、喝酒,通宵不睡?有没有背着一个包"仗剑走天涯"的那种想法?我在大学的时候,虽然身无分文,但曾在一个周末,骑着自行车从北京一直骑到山海关老龙头,整整骑了一夜,第二天早晨再骑回北京。像这种"出格"的事情,你有没有做过?如果没有做过的话,那么可能意味着你的青春是低沉、缺少激情的。

现在，大家的生活已经与我当时有很大的不同了。我相信很多人在宿舍里玩手机、刷微信、刷微博、打游戏……这些事情都很正常，因为这就是现在的一种生活方式。但是如果你只做这些事情，就不太好了。那样的话，你的空间感和时间感会越来越弱，你的生命感也会被压缩。你可能会说，等我大学毕业以后，再突破自己，潇洒地做些事。对于这一点，我想说这是不太可能的，因为如果你大学4年都不能突破自己，未来突破自己的可能性是非常小的。

很多人问我的大学生活如何。确实，我在大学里过得并不是很精彩，还有些无聊，没有参加过学生会，也没有谈过恋爱，成绩还很差。但如果问我有没有做过突破自己的事情，我想那还是有很多的。尽管我在谈恋爱方面无法突破，但就像我刚才说的，骑自行车200多公里就跑到山海关去了，背着包只有100元能去很多地方，至于跟同学和朋友通宵喝酒、聊天、侃大山，这样的事情就更多了。

纵然青春难免苦闷，我们还要努力追寻。在青春时期，人不可能不苦，没有人能在大学期间就把自己的人生彻底想清楚，并且每一天都有明确的目标。

我们总有不如意、失落的时候，比如失恋、与同学关系处不好，但我们还是要弄清楚自己为什么奋斗。面对人生的苦难、苦闷，我们有没有去寻求？有没有去思考？有没有独自坐在校园的湖边，一坐五六个小时去思索？独处的时候，有没有半夜在校园的小径上散步，迟迟不愿意回到宿舍？这样的经历，表面上看起来没什么，却是一个人自我沉淀的过程。通过这样一个过程，我们会慢慢变得成熟。

总结一下，大学期间，如果我们不热爱学习，对智慧没有追求，没有学会独立思考、精神自由，没有为青春去做"出格"的事情、留下美好的回忆，没有为人生苦闷去探索、去寻求答案，那大学生活就白过了。也有很多人说，自己追求的是未来生活的精彩。你走上社会，也许能赚很多钱，也许能慢慢地积累名声和地位，但这更多属于世俗层面，你的精神没有飞扬过，你在青春时期没有留下让自己后半辈子再去追求的那种令人向往的初心，是吧？

对大学的误解

很多同学对大学生活有几个误解。第一个误解就是到大学就是来学专业的。目前，中国大学的机制是：学生入学时就选定了专业，大学四年都以学这个专业为主，现在也开了一些通识课，但是通识课的课时不多。大学里有些老师跟中学老师的教课风格差不多，念念书和课件，到期末出张试卷，你通过就行。不通过的话也有补救的机会，补考一下。

但是，我们上大学真的只是来学专业知识的吗？显然不是。学好专业肯定是没问题的，但是看一下数据我们就会发现，中国 55% 的大学生毕业 5 年之后，稳定下来的工作跟自己所学的专业没有必然联系。从这个数据大家就可以看出，其实很多中国大学生，包括我在内，所从事的工作跟大学学的专业没有太多关系。我的工作前些年跟专业结合度还算比较紧，我教了好多年的英语课，但现在在新东方主要做的是管理，是创业。

那我们到大学要干什么呢？说得高深一点，我们是来寻找自己的。古希腊哲学家苏格拉底有一句很有名的话，刻在德尔菲阿波罗神庙的门柱上：Know yourself（认识你自己）。大学使我们从懵懂、只以高考为目标的学生，变成寻找自我、正确认识自我的人。自己到底是什么个性？有哪些地方应该改，哪些地方不应该改？应该去学习哪些东西？与什么样的朋友交往？应该有什么样的谈恋爱标准？应该为自己的一生奠定什么样的基础？……所有这些问题都指向了一个目标，那就是认识你自己。

这也是我大学4年的收获。认识自己的过程，也是个人不断进步的过程。你如果喜欢所学的专业，那就好好去学；不管有没有机会选自己喜欢的课，都可以到教室里去学习。我在大学期间，一半的课都是人在教室里，却在看我喜欢的其他书。大三、大四的时候，遇到老师不点名的情况，凡是20人以上的课程，我就不怎么去了。因为我认为那些课程的内容，我到期末考试前花一个月复习一下，肯定能及格。但大一、大二的时候，我还没有这个意识，总是拼了命地学习，想让自己的成绩跑到全班同学的前面去。当时，我基本上都是夜里12点、1点睡，早上五六点就起来到树林去读书。所以我大一、大二的成绩确实还可以，但是中间病了一场，差点把自己的命给搭进去。从医院出来以后的大三、大四时期，我就深刻认识到，要好好珍惜自己的生命，同时给自己定了另外一个目标，那就是成绩及格就行，然后去读自己喜欢的书，思考自己感兴趣的事情。这就是我的成绩单上，大一、大二成绩比较高，大三、大四都是六七十分的原因。当然，有几门课程的成绩一直都是比较高的，那就是我喜欢的课。整体来说，我觉得我的大学生活没有白过。

我想如果我按部就班，每个老师的课都去听，按照老师的要求复习，并且每门课都拿到高分，我后来不大可能留在北大教书，因为留在北大教书的一个前提条件是知识面要比较丰富。北大的学生可不是好糊弄的，教英语除了会讲英文，还要能够给他们讲很多其他知识。我也不可能出来干新东方了，因为如果没有读过那么多书，没有跟那么多朋友交往的话，我的眼界也不可能开阔，不大可能有别的想法。

所以我觉得大学期间，一定不仅仅是上课，不仅仅是学专业知识。

第二个误解是，在大学里面混4年，拿个文凭就可以了，这样的话找工作能容易些。

如果你有这种想法，那就太浪费大学生活了，也太低估上大学的价值了。上大学，不只是为了毕业，我甚至可以说，上大学是为了你终生不毕业。为什么？

因为进了大学，你会意识到有太多东西值得你去努力、去追求、去学习。但在上大学之前，你可能不会这么想。很多人认为高考完了教科书可以撕掉，考进大学就是终点。而我想说的是，进入大学只是个起点，大学是没有终点的。如果你认为自己的努力目标是大学毕业，认为大学4年学的知识可以用一辈子，那完全是痴心妄想。统计数据表明，大学毕业5年后，大学学到的百分之七八十的知识已经过时了，但是在大学学到的学习方法、追求智慧的热情，是可以受益终身的。所以，进大学不是为了混日子，也不是为了拿张毕业证书，证书不是最重要的。

我从北大毕业后，没有考过硕士，更没有想过考博士，一些大学给我荣誉博士学位，全部被我拒绝了。

我的理由很简单，对于我来说，拥有终身学习的能力，追求知识和人生更高境界的热情，这才是上大学的真正目的。除此之外，牢固的同学友谊也是我们上大学的重要收获。正如我在办新东方时，我的大学同学和朋友起了非常重要的作用，甚至到现在，我学生时期的人脉关系还对我有非常重要的作用。新东方现在的CEO周成刚老师，就是我的中学同班同学。在社会上更是如此。如果一个人忽视周边人脉，认为靠自己就能做成，那除非他是一个不需要任何人帮助的人。虽然独立创作人员，比如写小说、写诗歌、画画、创作音乐，可能大部分创作都不需要别人帮助，但是更多情况下，不管是做科研，还是搞创业，还是需要别人帮助的。

但如果有人就此说上大学就是为了建立人脉，那也大错特错，也是对上大学的误解。

大学阶段交友，是在没有利益纠葛的前提之下，寻找自己的青春伙伴。

为什么呢？大家可以想一想，人生一辈子能够什么事都说、什么话都谈的人，绝对不会是你的领导、你的父母，也不太可能是你的男朋友或女朋友，或者婚姻伴侣。如果你在大学没能找到几个挚友，找到几个无话不说、无事不能在一起做的朋友，那大学生活也算是白过了。

在这方面，我是非常骄傲的。大家可能看过电影《中国合伙人》中描写的那种同学友谊和关系，在现实中，我跟王强、徐小平、包一凡基本上就是那种关系，大碗喝酒，大块吃肉，无话不说，一起做事。尽管后来我们也陷入了很多利益纠纷，但是不用担心大家关系破裂后没有底线，曝黑料、把对方搞得名声扫地，这种情况是不会有的。在大学阶段，如果你没有找到这样的朋友，只是抱着一个世俗甚至庸俗的目的，想建立几个人脉关系，巴结几个家庭背景比较好的同学，那一定是错误的。如果一个人在大学就抱着这样的想法，想要收获就难了。

第四个对大学的误解就是上大学是为找工作，为未来就业和创业做准备，所以我学的任何东西都是未来能帮我赚钱的。这个想法有错吗？当然不算错。我们在大学学习就是要跟上时代，以便为自己谋生创造条件。但实际上，关于就业和创业知识的学习只是我们学习的一小部分。正如前文所言，上大学更重要的是在学专业实用课程的同时，寻找我们的理想和浪漫。如果一切从物质的角度出发，我们就会像钱理群教授所说的那样，变成了一个精致的利己主义者。读一本浪漫的诗集，读一本哲学著作，或者跟同学、朋友散步……做这些探讨人生的事情可能比纯粹地为就业和创业做准备更重要。

在此我需要强调一点，不是就业和创业不重要，而是对于我们来说，还有更重要的，在大学阶段我们需要精神昂扬，或者追求一种精神自由。这相当于人的两条腿：一条支撑我们的精神，让我们迈向更高的人生境界；另一条支撑我们的现实追求，让我们前进时更加稳健。

怎样才不算浪费青春

关于这个问题，我们可以先看看在大学哪些行为算浪费了青春呢？当然首先是时间问题，对于大学生来说，大学的时间是要充分利用的。回望大学生活你会发现，4年眨眼间就过去了。对于我们来说，这段时间的每一天都是很珍贵的。如果我们只是将时间放在完成老师布置的作业上，放在把每门课的分数提得很高上，这在某种意义上是浪费时间的一种表现。

我当然不是说课程不重要，而是除了学习，我们还有更加重要的事情。在大学，有智慧、能够对你的人生产生重大影响的老师，每10位中有两三位就非常了不起了。坦率地说，一些老师的课程考过去就行了。因为你不考过去的话，最后可能无法毕业。但如果这位老师既没有思想，又无法激发你的灵感和对学科的兴趣，也无法给你带来人生启迪，那你在他和他的课程上浪费太多的时间是完全不划算的。这也是我在大学时期的一个重要认知。

第二种浪费是什么呢？就是自己只埋头读书和学习，缺乏与他人的交流。我们学习往往不只学习老师教授的课程，也有很多同学会读课程之外的书，但是只是自己读，自己闷头想，不怎么和同学交流，更不会和同学进行辩论，这是另外一种浪费。

古希腊的哲学之所以发达，是因为哲人们在广场上天天辩论，比如苏格拉底、柏拉图、亚里士多德；中国的春秋战国时期，呈现百家争鸣、文化大发展的景象，也是因为不同学派在一起进行辩论。历史上很多时候，科学家、文学家是成群出现的，比如唐朝的文学家、宋朝的文学家，为什么会这样？因为一个人孤立的知识是无法产生大智慧的，所以一个人闷头学习或读书、不与他人交流也是一种浪费。

第三种浪费是每天忙着竞争，忙着"做官"，当个学生干部，做事充满了精致利己的打算。在校期间，竞争学生干部没有问题，不管是团委还是学生会，又或是其他学生组织、俱乐部都没有问题，但是如果挖空心思非要在这些组织中占据一席之地，耍各种心机、背后捣鬼，所有事情都从自己的利益来考虑，没有底线，我觉得这也是对人生的极大浪费。在大学阶段，竞争是必要的，通过努力去争取某个岗位是对自己的一种锻炼，但是心思必须是澄明的，姿态必须是开放的，背后没有那么多腻腻歪歪，即便有也是阳谋，不是各种低下的阴谋。

在大学 4 年的青春时期，如果一个人只会搞阴谋，习惯在背后对别人下手，心思阴暗，就算一时得逞，也不会长久。所以在大学阶段，应该是青春飞扬的，不要把时间浪费在这种不应该浪费的地方。

第四种浪费就是不能正确处理和同学的关系。有些人总是自以为是，觉得自己高人一等，或者总觉得自己某个方面比别人厉害，别人提出点意见，就感觉别人在讽刺打击自己。其实，大学同学之间就算有讽刺、打击，也是很正常的。我发现我大学时期的同学，完全受不了别人的打击、讽刺、批判的，毕业以后基本上都没有太大的出息，因为他们不能接纳别人，胸怀不够宽广，老觉得是别人的错，最后就会被别人排斥，这样的人怎么可能成长起来？而且现实中，这样的人还容易走极端，可能别人不经意间哪句话说重了，他内心就产生了极端心理。大家可能对一些极端的校园暴力事件有所耳闻。

相信很多人还记得十几年前云南大学马加爵把自己同宿舍 4 个同学都杀了的这件事情，就是因为他超级自卑。他对于别人的批评和意见，总认为是恶意的，最后造成了惨剧的发生。这样的情况无论在什么时候出现，都会是一场超级悲剧。

几年前，在中国某一个大学里，同宿舍的两个同学一个爱干净，一个有脚臭。那个脚臭的同学，也不注意卫生，把臭袜子乱扔，后来两个人就吵架。爱干净的人把臭袜子往那里一扔："你干吗乱扔袜子？"那位脚臭的同学说，"关你屁事，宿舍也不是你一个人的"。结果，那位爱干净的同学就把臭袜子拎起来直接扔到了窗户外面。另外一个人就不干了，顺手拿起桌上的水果刀照着对方捅下去，刚好捅到心脏上，结果一个当场死亡，另外一个被判处 20 年有期徒刑。

所以在处理同学关系上，我们要学会接纳、容忍，让自己变得心平气和，不至于最后出问题。

第五种浪费就是从来没有追过心上人，从来没有写过情书，从来没有痴迷过某个身影、在夜幕降临的路灯下等待某个身影的出现。当然，把这作为一种对青春的浪费可能有些言重了，但至少是一种遗憾。

我在大学从来没有谈过恋爱，以至于我到现在回忆起来都觉得遗憾。后来我留在北大当老师，我的恋爱算是在北大校园完成了，这也是一种对遗憾的弥补。其实我在大学的时候也给女孩子写过情书，也有过在灯下等着某个身影走过的时刻，我觉得这些是青春美好的回忆。如果青春没有对美好爱情的向往，你回过来看的时候，会觉得生活十分苍白，总而言之是一种遗憾。

第六种浪费是没有来场说走就走的旅行，做点"出格"的事。这个我在前面也说过很多了，就不再多说了。总之，我是想让大家珍惜时间，更好地去认识世界。

我曾经在得了病之后的那个暑假，拿了 100 元去旅行，从北京到泰山、黄山，再到九华山、庐山，几乎走了小半个中国。当时，我就是现在所谓的"穷游"。好在路上遇到的人都比较纯朴善良，半路上没钱了，我帮着农民干活，帮着宾馆干活。最后还在九江碰到了一个个体户，又给了我 100 元，让自己的旅行得以继续。

这种回忆对我们来说真的非常重要。有了这种无畏和想办法的思路，以后再遇到障碍时，就会比较容易突破。这也是后来我从北大出来的原因之一。这场旅行，我开始以为能到泰山就不错了，到泰山就回来，但走着走着就不愿意回来了，不断地省钱，买最便宜的车票，在路上还搭过拖拉机，就这样，我发现世界其实比我想的要更加精彩。所以在我离开北大以后，尽管失去了铁饭碗，也没有任何把握把新东方做好——当时也还没有新东方，可是一旦出来了，自己的世界就打开了。

你愿意走出舒适区，就意味着你愿意打开身心，面向一个未知的世界。在我们的想象中，未知的世界可能是恐怖的，也可能是凶险的，但是只要走出去了，阳光自然会跟着我们往前走。

说了几种我认为的"浪费"的行为，我们再看看在大学中有哪些事情是我们必须要去做的。

第一件事情就是钻研你所喜欢的某个专业、某个领域，或者某一本书。不管它与你的专业是否相关，只要你喜欢，就把它深入研究下去。我大学同学中有人很喜欢金庸，就把金庸的作品读了10多遍。马云也是这样的人，把金庸的小说读了很多遍，阿里巴巴的企业文化跟武侠文化就是连在一起的，这就是深入下去的好处。

如果你做事不深入，东拉一下、西拉一下，只把老师教的内容考出个好成绩，是远远不够的。深入钻研的一个好处就是让你的思维垂直地形成一个系统。而当这个系统思维培养了你的习惯以后，你就可以随时随地把它应用到工作和研究中。这样，你就把深入钻研的内容变成你的"独门绝技"，未来找工作也比较容易。

你在钻研的时候，如果能追随一个心中敬仰的导师，那就更好了，因为拜师比自己琢磨速度要快得多。但是拜师之前一定要想清楚，要找有思想的、能够给你带来激情、给你的思想带来提升、给你人生带来拓展的老师。

在大学一定要做的第二件事是，至少要翻阅300本值得看的书。请记住，我说的不是每一本都去精读，而是要学会翻阅，但翻阅绝不是一扫而过。对于一些书，精读是很重要的，但翻阅的好处是避免知识面狭窄，可以将知识连起来。如果知识连不起来，你的想象力和创造力会受到限制，没有人能在单一的知识体系中进行创新。只有把各种知识体系连起来，数学、文学、历史、哲学、生物等，才犹如打通了我们知识的"任督二脉"。这样当你想到一个知识点，另外一个点就飞过来了，相关信息也都蹦出来了，大脑中就形成了一张非常活跃的知识网络。你思考问题时的反应速度也会更快，能更迅速地找到解决问题的方法。所以在大学，至少要阅读几百本书，这对我们来说是很重要的。

在大学要做的第三件事就是锁定目标，比如毕业后是读研还是出国，在这个问题上要更加实际一点。不过，不管你是准备考研究生，还是出国，又或者是工作，都建议你把英语学好。因为对于考研或出国，英语是必考的，你没得选择。现在考研究生，免考英语的几乎没有，更不用说出国需要更高的语言水平；如果你打算工作，英语可能会是你的一块敲门砖，也许还是你未来工作和研究中的一个重要工具。世界上最先进的科学技术和最前沿的研究，都是用英文发表的。但如果你觉得自己这辈子的人生目标跟英语没什么关系，那就不用去浪费这个时间了。

在大学要做的第四件事在这本书里已经说过很多次了，就是交三五个无话不说、无事不谈、彼此超级信任的朋友。这些朋友既能与你分享智慧和知识、互相激励、在生活中互相帮助，未来还有可能成为事业的共同开创者。不仅仅是新东方，世界上很多企业的创业者之所以成功，都是和大学朋友一起创业的。包括脸书的创始人、谷歌的创始人、惠普的创始人等，所以这一点非常重要。

我在北大的时候，每当拿到了国家助学金，每隔 1~2 个月，总能省下那么两三元，然后就请同学和朋友吃饭。当时物价比较低，拿水瓶打一瓶散装啤酒才三毛多，还可以到饭店买几毛钱一份的菜。所以当时的两三元，能买七八个菜、打两三个水瓶的啤酒，大家就在一起喝、一起玩。在这样持续的互动中，我们长久的友情就出来了。所以后来，我让王强、徐小平他们回国来跟我一起做新东方时，他们说，跟老俞回去，一般都会有吃、有喝的，老俞又是一个性情中人，对同学、朋友比较好，所以回去做成功的话，我们大家都发财。这时你就可以感觉到，你在大学时候的为人、给别人留下的印象，是长久的、终身的，不管是好印象还是坏印象，都会一直伴随着你。

大学期间要做的第五件事就是至少参加一个自己感兴趣的社团，如果你在这个社团中能发挥主导作用，那就再好不过了。比如说桥牌兴趣团、登山兴趣团、读书社团等，甚至普通话研究会、尼采研究会都可以。这样能够锻炼你多方面的能力。如果你不善于主导或缺乏主导能力，也没关系，哪怕你是社团里纯粹的追随者，也要尽量参加，因为这样你会更容易建立兴趣、结交朋友，还能丰富自己的业余爱好。有业余爱好这件事，对于丰富我们的大学生活，真的是非常重要。但我刚才也讲过，不要热衷于学生阶段的政治，因为有些大学生为了获得学生会主席或团委某个位置，互相倾轧，做各种小动作，这种情况最好不要有。

我前面说在大学期间如果没有谈场恋爱、没有爱慕的对象，是一种遗憾。那相应地，我建议大家如果可以的话，谈一场纯粹的恋爱。当然，感情是双向的，由不得你一个人决定。

我想强调的一点是，不要为了找对象而找对象，不能凑合。不是看大家都有朋友了，你就要随便找一个，结果找的那个人不满意，很快就换了，这肯定不行。所谓的青春期的恋爱是追求什么？当然是追求自己心中的女神、男神，让自己心动的人。追不上没关系，但是追过感觉就不一样了。

很多男生说追不上心中那个女孩，别人看不上自己，我在北大的时候也这样。为什么？因为自己没有底气，缺少内涵，没有足够吸引人的东西。那怎么能够追上心仪的人呢？有句话就是，与其自己拼了老命去追在草原上飞奔的骏马，还不如把自己变成一片丰厚的草原。让骏马来找你是最好的，这也是自己变得更加自信的一个重要标志。当然，自信建立的基础还包括事业的成功、学习的成功等。现实中，除了一小部分人从小到大就超级自信，甚至自负外，大部分人都是在自卑中慢慢证明了自己的能力，通过自己的努力慢慢得到了别人的认可，发现自己有能力去做些事情，然后建立了自信。

说完了大学期间要做的事情，我再说说不能做的事情。

我觉得第一件不能做的事情就是告密、抹黑别人。对于老师，如果我们和老师观点不同，可以公开讨论，甚至可以跟老师争论。如果全班同学都不喜欢这个老师，可以集体签字，要求换老师。这是公开行为，学生堂堂正正地争取自己的权利。但是怕什么呢？怕的是不跟老师说，老师在讲内容时讲了什么出格的事，后来就有人告密，断章取义地把内容曝光出来。大学是一个可以公开争论的地方，你可以坚持你的立场，老师可以坚持他的观点,大家可以一起争论。但是我们不能降低自己的人格去做阴暗和低下的事情。

对于同学,不能有背后踩同学的现象。我就看过不少这样的报道:一个同学获得了"三好学生",另外一个学生心里不平衡,就到处写告状信,非把别人踩下来不可;还有同学见别人谈了恋爱就不舒服,到处散布这个同学的谣言;等等。

这些行为大家不能做。做了以后,对自己、对他人都是伤害。这样的行为被其他同学、老师知道了,这个人一生都有可能抬不起头来。

第二件不能做的事情就是那种上不了台面的事情,比如考试明目张胆地作弊。这些事情本身就上不了台面,而且有些处罚还要跟自己的档案一辈子。就算是一时得逞,但"常在河边走,哪有不湿鞋",一辈子这么长,总有被发现的时候。

第三件不能做的事情就是,如果住在大学宿舍的话,随便搬出去住。为什么呢?大学跟舍友相处4年,能够为你一生学会理解他人、与人打交道做充分的准备。现在很多同学的家庭条件都很好,遇到4个同学一个宿舍,甚至6个同学一个宿舍的,大家就觉得不要住了,几个人在一起又吵又闹,哪有一个人住着开心。但如果真的出去住了,最后的结果就是你损失了一次充分了解同学的机会,少了互相容忍、互相让步、互相理解、互相帮助、互相打闹的那种喜悦的时光和永久的记忆。

而这些对你一生的成长都是非常重要的。甚至可以说,在大学宿舍4年带给你的成长比你坐在教室里学4年功课带给你的成长更加重要。所以除非有十分特殊的原因,否则不要搬离大学宿舍,这是大学阶段送给你的最好的礼物之一。如果有条件,又想改善一下居住环境,周末出去住住就行了，千万不要4年都不跟同学打交道。

第四件不能做的事情就是有什么好东西都独享。常常有人问：俞老师，你当初从大学朋友中选人一起创业，依据哪些条件？其实，依据哪些条件我并没有一个特别清楚的概念，因为当时想的就是找谈得来、合得来的、在大学没有什么过节的人。但是有几类人肯定不行：第一类是在大学从来不跟我分享、交流的人；第二类是借了别人饭票从来不还的人；第三类是学习成绩好，但是向他借读书笔记、课堂笔记或询问学习经验，从来不愿意分享的人；第四类是有好东西藏着掖着，从来不跟人分享的人。创业合作伙伴，找这些人是绝对不行的。一旦一起创业了，他们很大概率会给你带来伤害。大学期间的一言一行，都会留在大家的印象中。不要以为大家对这些行为没看法，只不过大家不表达而已。

第五件不能做的事情是花很多时间在挣钱上，除非万不得已。现在很多大学生，一进校门就想着实习、挣钱。当然，有的同学是没有办法，因为家庭条件困难，所以需要自己更加努力，不得不打工挣钱，支撑自己上学的花销。我想说的是，如果你还有钱可花，如果你花钱比较节约，不到必须挣钱养活自己的程度，我的建议是要把时间花在更加重要的事情上，读书也好，写作也好，潜心研究专业也好，与朋友一起交流也好，去谈恋爱也好，这些都更加重要。

如果你把大学时间都花在挣钱上，而不是去追求更重要的东西，那么最后是得不偿失的。你想一想，你在大学挣了钱，相应的花销也会增多。可能你挣的和一些不必要的花销，实际上抵消了。但是你本来应该用这些宝贵的时间去读书提升自己、去交朋友、去做感兴趣的事情等。如果把时间都花在了挣钱上，意味着你的大学时光真的就浪费了。

其实，现在很多同学的生活条件已经比我当时有了太大的改善，即使没有很好的条件，清苦一点儿也未尝不可。真正的大学生活本来就是清苦的，也可能不是一帆风顺的。我上学那会儿，曾经这个月的生活费花完了，下个月的生活费还没有下来，只能啃几个干馒头，喝点白开水。这样的事我都经历过，回过头看，这些也都成了深刻的记忆。

关于职业发展，我们的前途在哪里？

关于职业发展，有几件事是我们在大学阶段就需要注重和培养的。

第一，在大学，一定要基本明确自己愿意奋斗终身的兴趣和方向，如果你选择了读研究生，更是如此。如果你工作以后，随着事业的扩大、人生经验的丰富，视野变得更宽，这个兴趣和方向改变了，那也没关系。

方向确定了并沿着这个方向努力，是找到好工作的前提。如果毕业的时候，别人问你在学校里最擅长什么，你都说不出来；或者说得出来，但最后别人一考，发现你根本就不擅长……那基本上就很难找到好工作了。

在兴趣和方向的基础上，培养出一项才能或者专长，最好能够拿得出手，比如说英语特别好，就更加容易找到工作。

第二，培养自己的情商，锻炼自己的语言表达能力。我管理新东方这么多年，对于这点非常清楚。如果我面试一个员工，他表达磕磕巴巴、不流畅，说话没有逻辑，表情僵硬，手足无措……这种情况下，他被录取的可能性非常小。所以培养自己的情商，锻炼自己的语言表达能力，然后踏踏实实拓展自己的知识宽度，让别人感觉到你表达的每句话都是到位的，那么，面试你的人就愿意给你这份工作。

第三，制订毕业后的规划，比如是工作、考研，还是出国。很多人都曾问过我这个问题。其实对于这三个选择，只有不同，没有高低。到底先工作好，还是先出国好，还是考研好，完全是根据你的人生意愿来判断的事情。很多创业者都是大学毕业就工作了，也有很多国外留学回来的人在为创业者打工，还有很多人研究生毕业以后才找到了自己心仪的好工作。但无论哪种选择，总而言之，都是一个自我调整的过程。

我从北大本科毕业以后到今天，没有读过研究生，也没有出国留学，但是新东方确实有很多留学回来的老师。选择，不要太纠结，根据你的人生判断，选定了一个方向走下去，一旦确定了目标与方向，就不要再想其他的了，坚定地走下去。因为即使过了几年，你也可以调整自己的选择。比如工作了三年以后，你也许会考研，也许到国外去留学，这都很正常，因为人生总是三五年一小变，五六年一大变。你不可能一下子就设计好自己这辈子的人生方向。就像我，曾经就想着在北大当老师，成为一名好教授，好好地过书斋生活，没想到形势一变，大家都出国了，而我不但没有出成国，还被北大处分了；从北大出来做了培训班，当时还没有创办新东方，还处在为别的培训机构做培训的阶段，到后来又为自己做……从来没有想过还能把新东方做成，并且带着新东方去上市，还有了今天的发展。这个过程，其实不需要你刻意去想，因为世界就是不断变化的。但是有一点非常重要，就是你现在选的方向必须先做到，要有一种不撞南墙不回头的勇气，就算没成也没关系。就像我当初想出国，连续努力三年就想到美国的大学去读书，但最后没有拿到奖学金，也就算了。当然，如果我当时拿到了奖学金去美国读书，人生可能就跟现在完全不一样了。

所以在选择人生道路时，没有什么可后悔的，只是你必须选择。因为你不可能同时走三条路，对吧？另外，在未来工作中的一些基本技能和需要达到的门槛，还是要提前准备好的。

所谓的基本技能和需要达到的门槛，比如说英语，肯定是块不错的敲门砖，还有基本的电脑知识，因为现在的工作大多都是通过电脑来完成。比如Word、Excel、PPT等基本的办公技能其实很重要，千万不要小看它们，还是准备好一些。如果你未来想当老师，那还要准备论文、证书等，像教师资格证，你在大学里就应该准备好。

当老师依然是一个不错的选择。毕业以后在培训机构当两三年老师，练好口才、夯实知识，锻炼自己观察人的能力和表达能力，能为未来的工作铺好路，也是不错。中国的很多著名企业家都当过老师。阿里巴巴的马云、河南建业集团的胡葆森，以及很多政府领导干部，都当过老师。当然，也包括我。

在找工作的过程当中，如果你能一开始就找到好工作，当然是最好的。如果实在找不到特别好的工作，也不要挑剔，先工作才是最重要的，因为只有你上了路以后，才能继续往前走，前行的道路才会延伸明晰。如果你老在路边徘徊的话，觉得这条路不适合自己，那条路也不适合自己，那会慢慢变成啃老族，自己的知识结构也逐渐老化，能力和竞争力也慢慢失去了，因为能力只有在不断打磨中才能进步。

所以不要因为没有顺心的工作，就不工作。要先工作，在工作中提升自己的能力，再去琢磨这个工作是不是适合自己，不适合的话，过一段时间也是可以换的，这样你就可以越来越接近自己最喜欢的工作。包括工资，给不到自己要求的工资就不干，就在家待着，这是不行的。就算工资达不到自己的要求，先干了再说，只要你是有能力的人，工资上升也会很快的，你需要做的只是证明自己与他人不同的能力。

另外一个建议是，在刚工作的前几年，尽可能地在大城市工作，至少是省会一级城市。北京、上海、广州、深圳、武汉、杭州、西安等，都可以。有些大学生毕业以后，立刻就回到了家乡小城市或县城里，尽管很安逸，但是这辈子发展的机会也就限定了，挑战自己的机会也没了。当你在小城市待久了，再想回到大城市生存，非常难。但如果你先在大城市生活几年，能留下来，就意味着你是有能力的，比这些留在中小城市的同学水平要更高一些。如果说你最后依然想回到这些中小城市去，那也是能够独当一面、比较厉害的人，接下来的发展速度也会更快。

当然，如果你有机会能到国外工作几年，那就再好不过了。不管是在哪个国家，因为是在不同的文化环境中工作，能更加锻炼自己的应变能力和适应能力。关于人生道路，可能刚开始的时候会有点窄，但是只要你努力，未来一定会越走越宽。如果人生道路越走越窄，只有两种可能：第一，你的思维过窄；第二，你的精神是不自由的，被现实生活拖着走，没有克服现实的能力和勇气。在这两种情况下，你的人生道路会越走越窄。

所以，在人生道路上，不管你有没有钱，都是可以越走越宽的。但是如果想要走远的话，你就必须往一个方向努力，不能总是变化。老是变化的话，心神不定，力不往一个方向聚，那么最后的结果很大可能是前功尽弃。

最后想说的一点是，不管你能不能找到工作，找到什么样的工作，人这一辈子最重要的，是去做能让自己乐此不疲、废寝忘食的事情。这比什么都重要，宁可不挣太多的钱，但依然做可以让自己保持乐观和废寝忘食的事情。当然，这绝不是打游戏、打麻将之类的，而是有创造性的工作。如果你能找到自己有兴趣并能让自己精神满足的工作，那就更好了。因为人这一辈子，有 1/3 以上的时间都花在工作上，如果这份工作是你的兴趣所在，那生活中的快乐就能多于苦闷，就算再辛苦，哪怕每天都要工作十几个小时，都不觉得苦，因为做的事情让自己乐此不疲。

你需要发展什么样的职业素质

你需要发展什么样的素质，才能适应职业的要求呢？这个答案不是绝对的。因为我们在不同阶段可能会遇到各种各样的职业，而且人与人的情况也是不一样的。任何一个职业领域都有做得特别出色的人，也有做得非常平庸的人。甚至有些人一辈子都没有找到自己的职业定位和方向，没有找到自己的爱好，以至于工作对自己像一场痛苦的折磨。要做好自己的职业规划，你应该从以下几个方面进行考虑。

第一，找到自己的兴趣点。前面我说过，我们一生大概有 1/3 的时间是花在工作上，但如果你喜欢自己的工作，尤其是自己创业的话，可能 1/2 以上的时间都是放在工作上的。如果你不喜欢自己的工作，或者对自己的职业没有兴趣，那么工作可能就会变为一场灾难。所以从这一点来说，要想有好的职业发展，你首先就要找到自己相对喜欢，会为其乐此不疲、忘寝废食，甚至愿意把一生都投入进去的一个领域。

这个领域你现在可能还不清楚，所以要不断去尝试，最终发现这个让你愿意一辈子投入进去的领域。这样你既找到了自己的经济来源，又找到了人生依托，还能够给你的生命赋予一种别样的意义。

以我为例，我在当老师的过程中，就发现了这点。我喜欢说话，喜欢当老师，喜欢跟学生打交道，后来做了新东方，能力不断提升，认知又扩大到了管理领域，最后我发现自己很喜欢管理，因为我喜欢跟战友们一起大块吃肉、大碗喝酒的这种感觉，还感觉工作就是生命，生命在于工作，生活也是一样。这样，我们就有了一个好心态。

第二，培养专业领域专长。对于自己的专业，有的同学是天生喜欢，但是也有人是后天培养的。比如我对英语的爱好就是后天培养的，因为我在15岁之前连英语是什么都还不了解，但是后来通过学习，发现学英语能提高自己多方面的能力。毫无疑问，语言学习首先会提升自己的表达能力，其次可以让你认识不同的文化和不同的世界。所以，我就把英语变成了自己的爱好和专长，而且越学越喜欢，这就是一个培养爱好的过程。如果你到大学毕业找工作的时候，都无法向面试单位展示你在某个领域的专长比别人优秀，那么很有可能就会给人一种你在大学无所事事的感觉，或者让人觉得你在大学根本就没有学到什么东西，只是期末考了几门课而已。

第三，注重培养自己的个性和性格。在与别人的相处中，一个人的个性和性格决定了他的受欢迎程度。性格开朗、随和的人往往很容易被人喜欢。我们常常说一见钟情，其实一见钟情不仅可以指男女关系，也可以用在你跟企业、上司的关系上。如果面试官看到你以后，对你的个性和性格很喜欢，那么即便你的专长稍微差一点，也会被认为综合能力比较强。这样找工作就会相对容易。

我们常常见到有人找不到工作就各种抱怨，但其实这些人应该想一想，自己在别人面前的表现是不是让人愉悦的，至少是不令人反感的呢？

生活中，我们往往会遇到三种人：第一种人在别人面前出现几分钟，就变成了超级有魅力的人；第二种人出现在别人面前，虽然给人的感觉很普通，但让人感觉也是可以打交道的人；第三种人可能只出现几分钟，就会让人觉得很讨厌，再也不想见他了。虽然不是每个人都能达到第一种状态，但我们至少不应该变成第三种人。

第四，提升自己的交流沟通能力。如果交流沟通能力不够，比如表达的时候词不达意、偏离主题、啰唆，让人不知所云，那么别人跟你说话的时候，心里往往也会不愉快。如果有这样的沟通问题的话，你就很难找到好工作，因为没有人愿意跟你打交道，沟通成本会非常高，也会影响自己的工作效率和成果。所以，锻炼自己简洁明了、用语到位的交流能力，用愉悦的心情、平和的心态来跟人面对面地进行讨论或者争辩，甚至争吵时也能做到既有风度又有态度，这样的话会让人感觉你这个人很好相处，语言交流也到位。

第五，拥有一定的知识结构。这是我反复强调的，在大学4年的生活中，一定要读二三百本书，而且不能只读自己所学专业的书——不管你学的是什么专业，都应该读读文学、历史、哲学、地理、心理学、社会学、科学方面的书。现在很多学生习惯天天上网，看的是八卦，读的也只是专业书，除了自己学的狭隘的专业知识，别的一问三不知。如果你是这样的状态的话，那么未来的发展就会受到很大限制了。

因为知识结构过于狭窄的话，用人企业也许会觉得你未来可能没有大的发展潜力，除非你的专业特别稀缺，它就是需要你这个专业的人才，否则的话，在两个专业背景一样的人之间，它肯定会挑那个知识面更广的。因为知识面广往往意味着这个人的想象力、创造力和解决问题的能力会更强一点。

第六，要成为一个勤奋、好学、专注、忠诚的人，并适时展现出来。因为没有哪家企业愿意招一个懒惰、平庸、不思进取、朝三暮四的人。展示这些品德的过程，也是展示你不断进步、不断学习的能力，这样会给他人留下好印象。对比着思考一下，你找对象都想找这样的人，那单位招聘，还要支付工资，让员工共同发展，是不是也想招这样的人呢？

第七，让自己具备赢得他人信任的人品。人与人之间的交往，最重要的就是信任。你跟自己的好朋友为什么会无话不说，也不担心对方给你设置障碍，不担心对方会背叛你？就是源于你们之间的信任，你们的交流成本最低，关系也最好。其实，员工和企业的关系、你跟同事之间的关系也是一样的。

所谓值得信任的人品，我觉得有四点最重要。第一是善良，因为善良是做人的底线，如果一个人让人感觉心地不善良，随时随地都想整别人，那谁愿意跟他打交道呢？第二是诚信，要让别人相信你说的话、做的事情是真的，不会在他人背后搞欺诈。第三是明快，就是个性、做事比较坦率、爽朗，没有什么藏着掖着的，不会让人感觉深不可测。第四是乐于助人，在别人有困难时愿意搭把手，这样自己也会收获很多。有了善良、诚信、明快、乐于助人这四种品质，你就更容易赢得同事和领导的喜欢，更容易获得重要的任务和机会。因为布置任务的人会把它交到自己能够信赖且依赖的人手中。

第八，你需要有独立思考、独立决策和创新的能力。为什么？因为如果一个人像木头一样，拨一拨才动一动，自己不能独立决策，做什么事情都依赖别人的想法，也不愿意独立承担责任、做任何创新，那事情交到这样的人手上，企业也是没有发展前途的。因为任何一个企业都希望能找到有利于公司发展的人。所以拥有独立的思考、决策、创新能力非常重要，能让别人感觉到你能够把事情做好，并且能够承担各种各样的工作。这一点在大学是可以培养锻炼的，比如做事情时多想想有没有更好的方法。其实在日常生活中，你能发现各种各样培养这些能力的机会。

第九，有正确的"三观"，就是我们常常说的"三观正"——世界观、人生观和价值观都要很正。这里面最核心的一点就是：千万不能把自己变成一个精致的利己主义者，为了自己的利益牺牲别人和企业的利益，是很危险的。如果你是这样一个人，时间久了，没有人愿意跟你打交道，甚至还会排斥你。尽管你可能因为投机取巧在短期内得到了一点好处，但是放眼人生长河，你的发展前景和世界可能会被遮挡住。很多人没有大的发展，却只会抱怨这个世界、抱怨社会，其实是他们自己挡了自己的道。自己胸怀不够、自私自利，无法赢得别人的信任，还想有大的发展，这怎么可能？相反，如果你三观很正，不自私自利，不精致利己，愿意为了别人、为了企业牺牲一点自己的利益，那么你未来职业发展的方向会更好。

2

将命运
掌握在自己手中

创造价值，让平凡不平凡

最近，我总在想未来我到底应该做些什么？在这篇演讲之前，我想清楚了。未来，我要做两件事情：第一件事是用我所拥有的资源来支持北大的发展和建设，因为这里是我灵魂和精神可以永久寄托的地方；第二件事是继续支持我们已经大规模开展的支持农村地区和山区孩子们学习的项目。因为我认为中国未来要真正实现现代化，一定是这些农村地区和山区的孩子也有机会走进北大的课堂，那才是中国真正实现伟大的开始。以后，外国语学院的学弟、学妹可能会经常发现我出现在北大，支持各种项目，包括国外考察项目、翻译项目、学生出国留学项目，还有学生到边远地区当两三年老师的支教项目。我计划，外国语学院的学生只要毕业后愿意到边远地区当两三年老师，我每年赞助25万元到30万元人民币。

说到底，这个世界上你所拥有的一切东西，对你来说都是不能长久保持的。但是，把它们转变成精神和思想后，就能够长久。所以看到外国语学院纪录片时，我就感慨：外国语学院的历史其实比北大还要长，这是我们要特别骄傲的。

北大之所以是北大，是因为学科之内还多了一层内涵，按照北大的说法就是"独立之精神、自由之思想"。有了这一层内涵，我们就多了一层忧国忧民的情怀，多了一层愿意为国为民做事情的决心。尽管我做了点小生意，但也因为这样一种情怀在，所以新东方还没有太落俗套。迄今为止，在全国的所有培训教育机构中，在教学质量方面、对家长和学生的关怀方面，新东方还是一个非常不错的机构。通过北大精神和北大教会我的东西，在我回馈社会的时候，社会也给了我足够的回报。这种回报大大出乎我对个人能力的预料。因为现在新东方两家上市公司，港交所上市的新东方在线和纽交所上市的新东方集团，市值加起来是200亿美元。

尽管我的股份已经分得差不多了，但是我还留了一点，我觉得还是能用于为北大做事情的。

现在回过头来，可以说北大改变了我的一生。因为当初作为一个农民的孩子走进北大，我完全不知道自己在北大应该做什么。在老师的教育下，在与同学们交往的成长过程中，在20世纪80年代——中国思想解放的年代，我从一个什么都不懂的农民的孩子，成长为一个有自己的思想、观念、知识功底还算不错的北大人。尤其值得高兴的是，我毕业以后能继续留在北大工作。对北大的很多著名教授，我都是仰望的，觉得他们离我比较远，没想到竟能成为他们的同事，让我得以进一步向这些老教授学习。

比如说李赋宁教授是我毕业论文的导师，他的要求非常严格，英文写错一个单词都会被他骂一顿。但也正因为在他的指导下，我写出了一篇长达八九十页的毕业论文，也使我获得留在北大当老师的机会。胡壮麟老师当系主任的时候，我刚好是教公共英语的老师。后来胡壮麟老师还参加了我的婚礼。我的妻子也是我西语系的学妹。所以，我到今天也没有脱离北大外国语学院的掌控范围。来自学校的各方面影响，从老师到同学，包括你的爱情、事业等，都会给你留下终身的烙印。

说到价值，我想我现在还能通过新东方这样一个平台，为中国很多孩子做点事情，这确实是在北大吸纳价值所带来的结果。回想过往在宿舍跟同学因某个观点不合，一次又一次地争吵，甚至有时不惜大打出手。当时，我们处在这样一种氛围中。现在回想，它奠定了我现在的底层价值体系。

那我的底层价值体系是什么？我想用四句话来表达。

第一句是"不侵犯边界的自由"。我欣赏自由，但是不欣赏没有边界、没有底线的自由。比如说香港出现的各种暴乱，我认为这些暴乱分子在追求没有底线、没有边界的自由。而我说的不侵犯边界的自由，是不侵犯大家已达成共识的法律边界，也不侵犯大家公认的习俗边界，更不侵犯别人自由的边界。这是我觉得北大人应该有的东西。

第二句是"充分表达尊重的平等"。我认为人可以有岗位的不同，有级别的不同，比如说北大的校长就是校长，我们是老师，他确实在岗位上比我们高。但是人与人之间的关系是平等的，是没有岗位之分的。作为同样的独立个体，每个人对其他人都要表达充分的尊重。因为只有在彼此充分尊重的前提之下，人与人之间才能达成谅解，才能达到待在一起互相觉得舒服、开心、充满人性关怀的境界。所以平等是底色，尊重是前提。目前，新东方已经有8万名员工和老师，大部分员工和老师都认为我是一个大哥哥式的人物，而不是一个权威的领导，因为我一直在贯彻这一原则。我认为每个人不管他的社会地位如何，都值得尊重。所以，我在马路边看到一个乞丐并打算跟他讲话的话，如果他坐着，我一定不会站着跟他讲，而是会坐下来或者蹲下来跟他讲。原因很简单，你必须把他当作真正与你平等的人。这一点也可以推广到对这个世界上其他事物的态度，甚至包括对动物的态度上。

第三句是"包容不同的思想"。北大的传统就是"兼容并包"。每个人都需要学会包容其他人的思想，包容别人的不同观点。我认为只要这个观点不走极端，不给他人带来伤害，那么就值得你去尊重。任何类型的思想体系，都值得我们去尊重、探索。

但是我们不能站在一个既定的立场去反推某个观点是不对的。这个世界上，对与不对在某种意义上是相对的。我觉得有包容度的世界，尤其是对思想和观点有包容度的世界，才是真正的世界，而这一点是北大教给我的。所以，我在新东方允许任何人跟我进行对抗，而且对抗以后不会产生任何后果。于是，新东方就形成了一个传统，先后有两百多位管理者出去创业，我还会给他们投资，还请他们吃饭，虽然他们做的都是跟我竞争的业务。

第四句是"为别人着想的善良"。因为善良是一个人，也是一个民族的底色，如果一个国家不从善、向善，人与人之间不是充满善意，而是充满了利益纠葛，充满了私心或互相利用，那么这个国家的民族精神一定会受到重大伤害。改革开放四十年创造了经济大发展的伟大成就，但我们也看到了快速发展的一些后遗症，即出现人与人之间互相计较、为了利益互相踩踏的事情。这样的行为，是我特别不愿意看到的。北大的作风，就是自由、平等、包容和善良。我希望我们能够在这方面做得更好。

明朝著名的儒家心学代表人物，王阳明有四句话：无善无恶心之体，有善有恶意之动，知善知恶是良知，为善去恶是格物。前面两句我就不解释了，后面两句就是一个人要有良心、有良知，必须学会知善、知恶。也就是你要知道什么是善的、什么是恶的，还要学会为善去恶，拼命地努力，一点都不放松、不马虎。这就是人为善去恶的过程，让自己变得越来越优秀。

有人问我："俞老师，你做事的原则是什么？"我说，我做事的原则其实就是两条。第一，这件事情是在帮助别人。至于利益交换，没有关系。比如说，学生到新东方来上课，我肯定要收他学费，因为我如果不收他学费，就没法给老师开工资，也无法租房子，生意就做不下去。我肯定还得有利润，没有利润我也就没法给北大捐款了。但是，新东方也是在帮助孩子成长，能让家长感觉到我们提供的服务，感到他们的付出是值得的。

第二个标准也很简单，这件事情能推动社会进步和发展。我之所以每年还要写书，还要去别的国家考察，就是希望借助我所拥有的一点点影响力，把我的观点表达出来，对年轻人的成长、对社会的进步能够起到一定的作用。20世纪90年代从北大出来后，我就不遗余力地推动中国留学事业的发展，这是因为我在践行两句话。这两句话我在20年前就说了。一句话是让新东方变成"出国留学的桥梁，归国创业的彩虹"。为了践行这一句话，我把新东方的移民业务砍得一干二净，而当时移民业务每年能给新东方带来几千万元的利润。我为什么要这样做？因为我不希望中国人一出去就不回来。第二句是"让孩子们走向世界,把世界带回中国"。因为我觉得只有出去的人多,回来的人才会多;回来的人越多,意味着中国的发展可能更加迅速。从京师同文馆开始,一批批懂外语的人翻译国外的思想著作,后来又有一批批学生被派出去,一批批优秀留学生回来,改变了中国的面貌。留学事业在我心中一直是一个造福中国、推动中国发展的事业,所以我敢于全力以赴。这就是我做事的两个标准。

北大著名的钱理群教授曾说北大人正在变成精致的利己主义者。我觉得也许有一些,北大的大部分人还是有家国情怀的。我认为聪明才智如果只为自己所用,只是为了自己谋取利益,那就是精致的利己主义者。对于北大人,聪明才智是足够的,如果能用在帮助别人和推动社会进步上,就是真正的北大人,就是价值的创造者。当然,这并不是说你不能为自己挣钱,你可以把自己变成百万富翁、亿万富翁,可以把自己的生活打理得更好。我觉得我打理得也挺好的,但是我不是个精致的利己主义者。

讲到平凡与不平凡,这对一个人来说不是固定的,因为人是会改变的,是在不断改变的。我看到身边不少人在没钱的时候是一个样子,在有钱的时候是另一个样子;没名声的时候是一个样子,有名声以后又是另外一个样子。足够的利益、足够的欲望、足够的诱惑,常常会使人变得面目全非。我非常庆幸自己出生于贫困家庭,后来有过非常艰苦的创业时期,所以一直告诫自己,千万不能把自己变得不着边际。所谓的不着边际,就是把道德观、价值观、人生观都搞得面目全非,天天享乐,不知道世界上还有更多人需要帮助。所以,孔子评价颜回的几句话,一直在我心中:"一箪食,一瓢饮,在陋巷,人不堪其忧,回也不改其乐。"

我还是比较能坚守这样的生活环境的，也愿意把自己拥有的资源拿出来去帮助别人。我相信这也是北大教给我的。所以未来，我所拥有的资源，除了给孩子留点学费和生活费，基本上会捐给北大或者贫困地区，因为这是我认为值得花钱的地方。所以，我用四个词来总结自己的坚守。

第一个是"随遇而安"。不管生活在什么环境，我都会很开心。我住过北大五平方米没有窗户的地下室，也住过北大十平方米的宿舍；离开北大后，住过农村的破房子，破到连厕所都没有。今天，我确实已经拥有了几百平方米的房子，但是依然觉得没有本质差别。住地下室的时候，我觉得很好；今天有几百平方米的房子，也觉得很好。因为不管是地下室，还是几百平方米的房子，我在里面只做两件事情，就是睡觉和读书。

第二个是"好学精进"。我觉得我是一个不太聪明的人，不然不会考了三年才考上北大。不过，我一直是一个好学的人，这是真的，包括我在医院时。大三在医院住的那一年，我居然读了两百多本书，背了一万个英文单词。所以我觉得在任何环境中，我都算是比较认真的人。我到现在一直坚持在北大学到的一个传统，就是每年读一百本书。我觉得北大人能有这种坚持。

第三个是"披怀虚己"。这是一个成语，"披怀"意思是要给所有值得自己袒露胸襟的人去袒露胸襟；"虚己"意思是你再厉害，也没有什么好炫耀的。如果你没有太多的能力，就谦虚踏实地干自己能干的事；如果你拥有更多的能力，就用它们做更多的事情。没有必要嚣张，也没有必要狂妄。尽管网上为了拉流量，常把我的一些语言断章取义地剪出来，但那些断章取义的语言并不是我的本意。如果把我的话全篇拿出来看的话，我的价值观从来都是一致的。

第四个是"助人为乐"。我觉得帮助别人是最快乐的事。大学时，我为同学打水、扫地，搬凳子看露天电影。因为当时北大没有电影院，只能看露天电影。后来，我把大学同学拉过来共同创业；帮助贫困地区的孩子们，给他们资源，帮助他们成长。我觉得这一切给我带来的快乐，远远多于把钱放在银行里给我带来的快乐。

"随遇而安""好学精进""披怀虚己""助人为乐"这四个词一直是我自己做事情的标准。我追求的是物质生活基本满足，精神生活无限丰富。我也希望北大的这么多学弟、学妹，还有我的老师们，为我以后的行为做见证。希望我不会偏离我在此讲的内容，希望未来我们都能成为更好的自己，把平凡打造成不平凡，未来为北大外国语学院以及北大做出更大的贡献！

（节选自俞敏洪在北京大学外国语学院20周年纪念大会上的演讲，有删改）

乘风破浪挂云帆：生命向前之路

> 金樽清酒斗十千，玉盘珍馐直万钱。
> 停杯投箸不能食，拔剑四顾心茫然。
> 欲渡黄河冰塞川，将登太行雪满山。
> 闲来垂钓碧溪上，忽复乘舟梦日边。
> 行路难！行路难！多歧路，今安在？
> 长风破浪会有时，直挂云帆济沧海。

我相信不少人都能背整首诗，那这首诗之于我们的人生与成长，究竟有何寓意呢？我觉得它涉及我们人生最重要的6个关键词：第一个是理想，第二个是迷茫，第三个是艰难，第四个是机会，第五个是坚持，第六个是希望。可以说在李白的这首诗中，这6个关键词都非常清晰地表达了出来。

我们先看前两句。花那么多钱买的好酒，那么值钱的佳肴摆在眼前，作者却没有什么心情。为什么？原因非常简单，他的理想不能实现。所以，他停杯投箸不能食，拔剑四顾心茫然。我相信每一个人都会有这样的时刻，美好的事物在你面前，你却没有心情，因为你人生不得志，理想不能实现，不能做自己喜欢的事情。

出现这种情况有一个前提条件，就是人要有理想，因为人没有理想就不会这样。但现实中，也有很多人追求物欲，醉生梦死，沉溺于物质生活，不能自拔。

所以我说的不满足，核心是追求的理想志向不能实现，因此觉得人生迷茫和艰难。对此，李白用了两句诗来表达：欲渡黄河冰塞川，将登太行雪满山。想渡黄河，结果黄河结满了冰凌，无法渡河；想登太行山，但是大雪漫漫，也无法攀登。正如我们中国那句老话：人生不如意事十有八九。没有一个人的生活是一帆风顺的，心情无比好、一点不如意都没有的日子，一生中也没有几天。我也是这样，也许拿到高考录取通知书的那一天，对于我一个农村孩子来说，确实是"春风得意马蹄疾，一朝看尽长安花"，但是人生其他日子，都是喜悦、悲伤、艰难、失败、成功交织在一起的。所以，人生遇到艰难时刻是很正常的。

即使有艰难，我们也不能忘了理想，不能放弃机会，否则最后我们会一事无成。所以李白又说"闲来垂钓碧溪上，忽复乘舟梦日边"。他为什么会这么说呢？这里引用了两个典故：第一个是姜太公在渭水的磻溪边钓鱼，遇到了周文王，帮着周文王灭掉了商朝；第二个是伊尹在被商汤重用前梦见乘舟绕日月而行，最后被商汤三请，辅助商汤打败夏桀，为商朝的建立立下不朽功勋。这是两个典故，表示了人要坚持自己的理想。而姜太公和伊尹，都是在年纪比较大的时候才被人赏识的。这两句话表明，不管遇到多大的艰难，我们都必须坚持理想，必须等待机会，寻找机会。机会并不是每天都有的，我们需要等待，不断努力，不放弃。

所以，人生道路是艰难崎岖的：行路难！行路难！多歧路，今安在？就像前文我们说职业的选择一样，人生总有很多选择，不管是考研、出国、还是工作，如果你没有志向，不努力，什么都干不好。如果你有志向又愿意付出努力，那么不管做什么，你的人生道路总是在不断往前的，这对我们来说才是最重要的。

最后，李白给我们的希望就是——长风破浪会有时，直挂云帆济沧海。人生总会有不如意的时候，也会有得意的时候，只要我们做好充分准备，就一定会长风破浪会有时，直挂云帆济沧海。

从李白这首诗中，我们可以解读整个人生：理想、迷茫、艰难、机会、坚持、希望，最终迎接人生的美好时光。

不少人问我：俞老师，你是怎么做到今天的成就的？其实，我做到今天，虽然称不上是大成就，但还是比较充实的。人生成就本来就是不好衡量的。就像马云跟我一样，都是英语专业毕业的，但是他创立的阿里巴巴从市值来说比新东方高出了几十倍。但是每个人的使命、职责是不一样的，小事有小事的乐趣，大事有大事的好处。比如说一个母亲把自己的孩子培养成了名牌大学生，成为国家的栋梁之材，这也是了不起的事情。

况且，这个世界上本就没有什么高低可比，你说一个处于高位的大官和一个隐居山林的隐士，到底谁的生活高，谁的生活低？我们完全无法判断。但我们可以知道的是，所谓的人生理想并不一定非要做大事，而是要做有意思、开心、有意义的事。这个有意义，不仅对自己有用，对家庭成员有用，也对社会有用，这样我觉得就非常好了。

我一直还算是抱着一种比较平和的心态来生活的。这源于我从小到大保持的一些不错的习惯。第一个习惯就是勤奋。也许是因为我农村出身，不勤奋不行，从小就干农活，动作稍微慢一点还会被母亲责骂。在我那个年代，特别是在农村，常常认为打是亲骂是爱，所以也不觉得父母打骂有什么不对的。勤奋一直以来让我受益无穷。直到现在，我还是每天早上6:00~6:30起床，晚上12点睡觉。这样，我的时间就比较充裕，这在某种意义上可以弥补我智力上的不足。有人问我怎么能做上课、管理公司、写书、旅游这么多事情，答案就在于此。我能够把每分钟都利用上。即使在汽车里、在飞机上，甚至散步的时候，我都不愿意浪费时间。比如说我在散步的时候，还会听很多课程，这就是勤奋的好处。积水成渊，收获更多以后，也会比别人有更好的积累，进而厚积薄发的机会就更多一些。

第二个习惯就是坚持学习。我坚持每天看书，而且坚持做读书笔记、听课来吸纳新知识。从北大毕业到现在30多年时间里，我读了三四千本书。学习成了我人生中重要的事情。这样在知识结构方面，我至少不会太落后于时代。

第三个习惯就是交友。我比较喜欢交朋友，交朋友让我学到很多东西。我的朋友中，有比我学识丰富的，比我眼光远大的，比我胸怀广阔的，也有比我事业成功的。所以，我能从他们身上不断地学东西。而我也是非常愿意用诚挚、真实的态度来对待朋友。"助人为乐"本就是我的座右铭。我希望能够对朋友好，帮朋友不断地做更好的事情，朋友有困难的时候能够伸手相帮，朋友在一起干事业的时候能够互相合作，就像大家在《中国合伙人》中看到的那样。所以，交好朋友也是我的一个人生态度。

第四个习惯就是过相对比较自在的生活。无论是穷苦阶段、当老师阶段、艰苦创业阶段，还是现在，我都喜欢过平淡的生活。因为我觉得没有必要因为事业成功了，或者说社会地位提高了，就觉得自己特别了不起，可以高高在上了。这个习惯也让我对自己的人生有了更好的把握。凡事不攀比、不计较、不在意。不管是在物质上，还是在生活、学习上，我都按照自己的节奏，做好自己的事情。而如果别人得罪了我，或者说了伤我心的话，我觉得也没有必要计较，因为一计较人与人之间的关系就会变得很紧张，就容易滋生仇恨、不满。而你不计较的话，就可以活得云淡风轻。时间是流动的，一切都会过去，没有必要把那些事情看得那么重。比如说有的人失恋一次，就感觉一辈子都没法快乐了。这就是把自己的事情和情感想得太重了。

第五个习惯就是坚持行走。这个行走不仅仅是指生活中去散步，更指到大自然中去走。我喜欢和大自然接触，也喜欢到别的国家、别的文化环境中去看一看。在没有这个条件的时候，我就在国内游，所以就有了前面我说过的1984年拿着100元走了半个中国的经历，那时候的钱还很值钱。到外面行走，既能让自己的胸怀变得广阔，也能了解不同的风俗民情、人类文化。这样能让自己对世界的看法更加全面。

除了走一走，我还是一个比较喜欢运动的人。因为出生在农村，我对体育运动不熟悉，除了水泥的乒乓球台以外，别的什么都没见过。所以我以前既不会打篮球，也不会踢足球。唯一会的运动就是游泳，那时候住在长江边上，喜欢游泳，但也只会狗刨。后来我就跑步、爬山，还学会了骑马，再后来又学会了滑雪，等等。总而言之，对于我来说，每天不花一点时间在运动上，就会非常难受。

我还比较喜欢写东西，喜欢记录生活中发生的事情，把自己的思考、想法，包括读书后的感想给记录下来。通过记录，我每年还能出 1~2 本书，对自己的思想、行为做一个回顾。在这次疫情期间，过了大年初一，我就开始写老俞日记，每天放到我的公众号"老俞闲话"中，每天的阅读量有四五万次。这样，我即使出不了家门，也能够与全国的朋友们做比较流畅的交流，互相之间都可以受益。我会觉得自己的生活变得更加充实，更加愉快。

关于如何为人生做准备，有几点我觉得比较重要。

首先，见识比知识重要。人这一辈子，吾生也有涯，而知也无涯，没有一个人能穷尽世界上所有的知识，而我们学知识的目的是使自己有见识、有能耐，让知识起到敲门砖或杠杆的作用。所以对于我们来说，怎样让自己变得有见识，让自己越来越有判断力，才是更重要的。

其次，智慧比聪明重要。我们常常说某个人很聪明、智商高，从某种意义上，这是天生的。有的人智商高，有的人智商低，智商高的人可能更聪明一点。我在北大时测过智商，也就是 100~110，我同学的测试结果在 130~140，大概比我高 30%。但是如我前边所说，这是可以用勤奋和时间来弥补的。但智慧就不同了。所谓智慧，是你从人生经历、和朋友的交往、学习的知识中得来的，对你的人生有指导意义，帮助你迈向人生新境界、走向成功的一整套思维。所以人光聪明是不行的，更重要的是有智慧。

再次，胸怀比财富重要。钱不是万能的。有钱可能会使人变成守财奴，变得很自私自利。与财富相比，更加重要的是胸怀，胸怀是什么？

是你在考虑问题的时候，能更多地考虑自己周围的朋友、合作者、同事、受众对象，有可以容纳世界的大格局。作为公司的一个新手，有团队精神；为国家服务的时候，愿意把国家利益放在个人利益之前。所有这些，我觉得都是一种胸怀，所以我常说一个人要做公司的话，胸怀是第一位的。因为只有有胸怀的人，他做公司的时候才能够容纳自己的合作伙伴，才能跟自己的同事同甘共苦，才能在有利益的时候愿意利益共享。财富是可能会失去的，我们一不小心就会变成穷光蛋，但是一个人的胸怀是属于自己的，不管你怎么穷，如果有胸怀在，财富可能还是会来到。

最后，思考比执行更重要。在生活中，我们不仅要有很强的执行力，更重要的是善于思考，想问题，做总结，要反省自己犯的错误。如果我们只知道执行，只往前冲，不看冲的方向，那就有可能会掉到悬崖峭壁下面。所以更加重要的是在做事情以前，先想想这件事情正确不正确，值得不值得做，是不是对你的人生很重要。想清楚了以后再去做，就不会浪费我们的时间和生命，不会走弯路，更加重要的是，不会掉到坑里再也爬不起来。

这四句话，加上我在前边讲的习惯、必修的品德，就是我们在为自己的发展与未来做准备的必经之路。

在奋斗的路上，还有一个很重要的内容，就是价值体系。我追求的价值体系与我在北大学习、工作的 10 年经历是分不开的，在前文我也讲过一点，我觉得把这些放置在人生长河之中，仍然是十分有意义的。这四句话我前面说过，就是：不侵犯边界的自由，充分表达尊重的平等，包容不同的思想，为别人着想的善良。

在人生的长河中如果没有目标，就会失去方向、感到迷茫，"停杯投箸不能食，拔剑四顾心茫然"。当我们不知道往什么方向走时，生活很容易原地打转，所以目标是一种牵引力。而确定目标，并且把它变成牵引力，有一个前提就是找到能让自己兴奋、激动的努力方向，自动、自觉、自愿地去做某件事。如果定的这个目标连自己都无法兴奋起来，或者是别人给你定的，那是没法形成动力的。而目标本身没有高低之分，只有因人而异的不同。但整体而言，都是为了自我成长，为了自己的人生走得更加顺利，让自己更有成就感和喜悦感。

目标背后的规划

好的目标背后是规划力

制定目标本身就是规划能力的一种体现。如果连规划都没有，没有想好基本的步骤与要点，怎么能实现这个目标？目标往往是阶段性的，很少人把目标定到一辈子的长度——那就是理想了。定阶段性的目标就像爬山一样，即便是要爬珠穆朗玛峰，你也得先从100米、200米、500米的山爬起。每爬上一座山，你就能挑战下一座更高的山头了。目标之间是可以连接起来的，虽然各路连接有时是有机的，有时是曲折的，但即便如此也没有关系，因为你总是在进步的。

以我自己为例：最初的目标就是考上大学，根本没想过要考北大；上了北大之后，我的目标就是留在北大当老师，这个目标也实现了；后来，我的目标是成为北大的教授，但这个目标没有实现，因为形势改变了，我离开了北大；我从北大出来，其实是想到国外读书，虽然我算是做了充分的准备，出国考试成绩不断提高，最后也没有实现，因为办好新东方在这个过程中成了我的目标。最开始做新东方时，我就希望自己能赚 30 万元，这么多钱够用一辈子了；后来又觉得要赚 100 万元；再后来，我觉得钱已经不是重要的目标了，最重要的是把新东方做大、做好。于是，我就把朋友们叫回来跟我一起做新东方，后来又到美国去上市，等等。目标就这样一个一个连起来，而每一个目标都需要你去规划。

那根据什么规划自己的目标呢？根据自己的能力、才华，以及自己的资源来设定。目标不能设定得过大，过大了不能完成，会遇到很多挫折；如果设定得过小，不需要花什么力气就能完成，你就不会有成就感和快感。所以说，制定目标也是在考验你的规划能力。

克服惰性，学会自我控制

确定了目标之后，还需要克服惰性，因为每个人天生具有惰性。不管任何目标，若想实现，都需要去奋斗、去努力。这就需要你花时间和精力，先去排除一些自己本来喜欢做但可以不做的事情，比如打游戏什么的，进而集中精力完成自己的目标。比如说一个人想跑马拉松，刚开始跑的时候会觉得特别累，特别想放弃。但要是每天都跑一段，逐渐增加难度，慢慢地就会形成习惯。所以，很多跑惯了马拉松的人，不让他跑的话他会特别难受，身上的每一块肌肉、每一块骨头、每一个神经，都会呼唤他继续去跑马拉松。

克服惰性其实也是自律、自我控制的一种表现。为什么要自律、要进行自我管理呢？因为实现目标是要花时间、花精力的，但在同一段时间内，你会发现有很多事情需要花时间和精力。比如你设定了一个当天读完一本书的目标，结果下午有朋友来找你打牌，晚上又有朋友叫你喝酒。结果，一打牌、一喝酒，你就完成不了今天定下的目标了。这就是缺乏自控能力，意味着你对自己定下的目标进行了自我销毁。如果这样的事情老发生，你的阶段性目标完不成，就意味着人生大目标也完不成。所以，自控能力对我们是很重要的。

年轻的时候，我在这方面可能做得不太好，但现在要好很多。现在我一般都会把干扰事项推掉，尽力沿着自己设定的方向和目标走。每天完成目标以后，我会有一种成就感，觉得自己排除了很多障碍，最终把目标完成了。而且心理学实验结果显示，能够自控的人更容易在这个世界上占据资源，能够取得成功。

除了控制自己不去做某件事，自我控制更深层的含义是不要让自己陷入被控制的状态。人是很容易被其他东西控制的，比如坐在电视机跟前不愿意动，即便不是自己喜欢看的节目；比如玩一个游戏，即便手酸了、眼睛累了，游戏也一次次退出，但还忍不住重新登录，很多人就这样被手机"控制"了。

疫情期间，很多人都连续好多天待在家里了，无数人犯了"手机控"的毛病：有事没事总要打开手机看一看，把手机放下不到10分钟就要再拿起来，看看有什么新的消息，一天拿起放下手机不下100次，俨然变成了"手机控"。

这就带来了另外一个问题，即专注力下降。比如说：我们连续读一小时的书，这是专注力；认认真真看完一部电影，中间没有跑神或者做其他事情，这也是专注力。你要是每过几分钟就看一下手机，专注力就很容易被分散。你也会变得烦躁，内心感到很多不确定，这种感觉就是被控制的状态。

我希望大家能够不被控制，能够主动掌握自己的人生命运，主动去思考什么东西对我们最重要。不管是花前月下浪漫地谈恋爱，还是跟自己的亲人一起聊天，哪怕是无所事事地躺在沙发上，也比被控制要好很多，因为你是处于主动的状态。人生一旦进入主动状态，就会变得很美好。

在自我控制方面，我们还需要了解一个经济学术语，即沉没成本，意思是有些成本已经投入了，收不回了。但有些人不舍得放弃这些沉没成本，还继续投入更多成本，最后变得得不偿失。

比如一部电影，你看了10分钟，觉得不好看，可仍不退出来，为什么？因为你会想花了50元到了电影院，路上还花了一个小时，还是看完吧。结果两个小时又过去了，又浪费两个小时。所以当发现人生中有沉没成本、不合算的时候，要迅速止损，不要坚持，否则你的人生就被控制了。

还需要注意的一点就是，千万不要让别人占据你太多的时间。比如我原来老去应酬吃饭，因为我比较喜欢跟人聚会，每次聚会一聊就是几个小时，而且聊到最后也没有什么新鲜事，都是重复的，没有什么进步，更加要命的是要喝酒，一喝酒就常常把自己喝糊涂了。

这就让自己陷入了一种完全失控的状态。现在我已经充分意识到这一点了，喝酒应酬变得比较少了，再重要的聚会也最多是一个半小时，不超过两个小时。把话题引导到大家能够表达自己思想的话题上去，这样在酒席之间就有了思想的交流。不要被别人占去太多的时间，要自己主动掌控一些局面，把自己的时间用在更有意义的地方。

有舍，才有得

人们常说：舍得舍得，有舍才有得。这其实就是一种放弃的能力，具体来说就是抵御诱惑、抗干扰的能力与自控能力是连在一起的。

我们生活中有太多好玩的事情，比如你正在做事时，手机给你推送了有趣的信息和内容，朋友给你发来了喝酒、打牌、玩游戏的邀请，又或者给你送来你心心念念的食物……这些都充满了诱惑。而人生最大的诱惑，往往就是人的本性所向往的那种诱惑。比如打游戏就跟好玩心理是连在一起的，谈恋爱是跟人的情感心理连在一起的，和朋友吃饭喝酒是跟人的社交心理连在一起的，这些事情很容易就把你吸引走了。很多人终其一生，都是在这种心理拉扯过程中，忘掉了本来定下的人生目标和人生道路。

所以，放弃的能力就是能够让自己抵抗或至少暂时抵抗诱惑和干扰，专注于眼前自己认为对人生最重要的事情和目标。

时间会把差距拉大

从长远来看，真正能把人与人区别开来的，不是智商和情商，而是对时间的利用。虽然人与人之间的智商和情商有差别，但大部分人都差不多，即便有差别，也不足以大到让一个人超级成功、另外一个人超级失败。但对时间的利用的差别可就太大了，对我们来说也太重要了，因为人一辈子也就几十年。毛主席说：一万年太久，只争朝夕。对人类而言，连活到100岁的都很少，只争朝夕就变得非常重要。

陶渊明有一首诗这么写道:"盛年不重来,一日难再晨。及时当勉励,岁月不待人。"陶渊明是田园诗人,虽归隐田园,依然在提醒世人"及时当勉励,岁月不待人",可见时间在有限的人生中是多么宝贵。

有的人一天能做很多事情,产生很多成果;有的人就虚度光阴。今日复明日,一天相差这么多,乘以我们人生拥有的几万天,差别就体现出来了。虚度了时间的人又怎么可能会成功?所以我认为,一个人可以花我的钱,可以用我的东西,但是不要随便占用我的时间。我们常说"时间就是金钱",尽管听着俗了一点,但确实是这样的,如果合理利用时间,时间就可以转化为你的能量、你的智慧。它能让你变得更加有能力,也就意味着你未来能赚更多的钱。

所以我觉得有效利用时间最重要的第一点,就是要做对人生最重要的事情。

在具体做法上,我们要学会分段利用时间。什么意思呢?比如一天24小时,你有8个小时左右的时间在休息睡觉,还有1~2个小时运动,吃饭可能还要花1~2个小时——其实如果不是应酬的话,我觉得一顿饭花20分钟就够了。这样算下来,一天你还有大约14个小时是可以利用的。

这14个小时,你怎么利用?如果说你只用来读一本书,那读到最后也不免烦躁,因为人的专注力是有限的,必须不断地切换,才能使大脑思维变得更加活跃。当然现实中不乏这样的人,做一件事一做十几个小时,比如科学家、工程师可以废寝忘食地工作。但大多数时候,我们的大脑还是要刷新的,这样才能够高效运行。

比如说学习英语,你可以用1个小时来朗读文章,用1个小时来朗读古诗词，用 2 个小时来写作，用 2~3 个小时来阅读，再用 2~3 个小时来做一些别的自己觉得一定要去做的事情，这就是分段利用时间，提高时间的使用效率。这样你既能够丰富自己的体验，又能够切换大脑思维。但如果遇到一件紧急的事情，必须一天之内做完，那你就应该心无旁骛地去做，没有别的办法。但这样的情况毕竟是少数，除了写毕业论文或者搞研究，不会每天都是这样的，所以我觉得分段利用时间是让效率更高的一个重要途径。

除了分段利用时间，我们还要学会利用零碎的时间，比如说饭前饭后、坐车的时间等，不管是听课还是读书，这些时间也是可以利用起来的。这些时间虽然零碎，但加起来也有一两个小时。如果利用起来的话，我们可以做很多事情，生活中的大量事情都可以在这些时间完成。

相对于忙碌，人生更需要设计

虽然我一直强调时间很重要，但不是说把时间给排满就可以了。很多人忙碌了一辈子，但是人生并没有太大长进。为什么？最重要的一个原因就是他光知道劳碌了，没有抓住重点。这跟时间的利用效率与方向有关，从这个意义上来说，正如我们前文所讲的"思考比执行更重要"，设计人生比人生忙碌更重要。

目标需要规划，人生需要设计。设计好了，抓住重要的事情去做，才能让忙碌更有方向感。一个人如果一天抓住重要的事情做 1 小时，可能比忙忙碌碌 24 小时还管用。

留点时间给身体

在利用时间方面，大家还需要记住一点，那就是要学会留些时间给身体，要记得锻炼。如果你一天到晚坐着不动，或者吃不健康的食品，身体越来越糟糕，那么就很容易疲劳困乏，甚至生病，也就谈不上利用时间了。尽管没有任何人能保证锻炼身体就一定能活到 100 岁，但至少可以让身体处于一种舒适、健康的状态，这样你就能做更多的事情，因为精力充沛是做事情、提高效率的最重要的一个原因。所以所谓的利用时间不是说每天不停地忙碌，而是要身体健康、精力充沛，把最重要的事情先做完。要有自己主动掌控自己时间的能力，这才是真正利用时间。

用读书来积累知识

在成长的道路上，我们需要多读书、读好书。我觉得生而为人，人类知识最精华的载体就是图书。我们跟古今中外的优秀人士对话的途径，也是读书，毕竟能面对面跟智者、圣人、科学家对话的机会寥寥，但我们可以通过阅读他们的著作来跟他们对话。实现家庭的希望、个人的成长，靠的是读书，一个国家和民族的发展靠人才，而人才的建设与积累更是离不开读书。

很多人认为犹太人很聪明，拿到了几百个诺贝尔奖。在读书方面，犹太人平均每人每年读书 65 本，而根据统计数据，中国人大概是 5 本，其中还包括了教科书，所以我们大部分人一年读的书，也就是两三本，甚至都不到。我曾经在一次面对 2000 人的中小学老师的讲座上，问这些中小学老师的读书量。结果发现，读5本以上的不到10%，这也就意味着这2000个老师，有90%一年都没有读够5本书，那怎么行呢？一定要让书籍变成你真正的朋友，读完书知识就属于你，既能够帮助你成长，又能够慰藉你的心灵。这样的好东西，你为什么不碰呢？

以我为例，读书是我的日常功课。我一年翻阅的书应该有一二百本，认真看的有四五十本，读两遍的至少有两三本。所以我觉得如果你真的想要取得进步的话，一年翻阅30本书是一个人追求向上的状态，没有放弃自己的最起码的标准。

其次，我建议大家与那些喜欢读书的朋友多交往，因为喜欢读书的朋友，既能够给你带来友情，又能够分享他读书的信息。我记得我在大学的时候，就特别幸运，交了一些喜欢读书的朋友。20世纪80年代，大学读书氛围比较浓厚，而北京大学的读书氛围更加浓厚。我的不少同学就来自书香门第，比如父辈在大学当教授，所以他们从小就在读书的环境中长大。

比如我的好朋友、新东方的创始人之一王强老师，就是一个书痴，到现在家里还有上万本书，学校的老师也很喜欢买书来看。所以我跟这些喜欢买书、读书的人交朋友时，光听他们的谈论，我就学到了很多知识，获得了很多想法。而他们无意中提到的某本书，我也会去阅读。他们对我的推动，可以说是非常重要的。后来做新东方时，我要求新东方的老师每年至少读20本书，也是一样的道理。

此外，关于读书，我觉得一定要去读那些让你进步更快的书。武侠小说、科幻小说、言情小说，你去读的话当然没有问题。但是我觉得要想让自己进步更快，应该多读一些关于人类历史、哲学、科技的读物。

读历史书，你能够洞察过去、现在和未来；读思想性的书，你能够提高自己的思想境界和智慧；读科技类的书，你能够知道世界科技的发展方向。总而言之，读书是要有所选择的。毕竟书的种类太多，你一辈子又能读多少呢？所以读重要的书和好书，比读书本身更重要。就像我讲的对时间的利用一样，要在正确的时间做重要的事情，读书也要去读重要的书。

养成记录的习惯

如果你比较勤奋的话，读书时要学会做笔记。

为什么要写读书笔记？因为读完书以后，你会很容易忘记书中精彩的观点和语言，所以稍微花一点时间写一篇读书笔记，把精华的思想集中在一起，这样你可以记得更牢。不管是读纸质书还是电子出版物，做些标记，把重要的语言标出来，这样你重新读的时候，那些重要的语言和思想精华就显现出来。

同时，写读书笔记也是一个将自己的思想和读书的感悟结合起来的过程，能留下一份读书档案，这也是一份宝贵的财富。

我刚才讲的基本上是读纸质书，如果你习惯读电子书也可以。比如说kindle（亚马逊设计和销售的电子阅读器），我在kindle上买了3000多本书，出差的时候常常读。现在还有很多听书的平台，比如说喜马拉雅、得到，还有新东方的精雕细课，上面有一些非常好的书。在这些平台上，听一些大学教授、名家谈一谈他们对各个学科的看法、对于当前世界上发生的事情的看法，对我们来说是一种开启智慧的方式。这些都是在读书的范围之内的，所以一定要多读书、读好书。还有一些读书会，比如说樊登读书会，也很好，因为我们现在是快餐文化，没有那么多时间把一整本书读完，先听听别人讲这本书的精华思想，再决定要不要完整地读这本书，对我们来说也是非常重要的。所以，我们也可以去听书。

即便遇到挫折，也能够奋起

在人生的道路上，我们会面临一个必修课——挫折。人这一辈子不可能一帆风顺，不管你处于什么样的社会地位，不管你拥有多少资源，人生不如意事十有八九。那么面对挫折，我们该怎么做？我有两点建议。

第一点是除了自己能够拯救自己，世界上几乎没有其他人能够救得了你。不管你是情绪低落，还是遭遇挫折和失败，又或者是失望，甚至是绝望，只有你能让自己在跌倒的地方爬起来继续前行。

第二点是要学会与人生的不如意相处，这也是非常重要的。比如说与疾病相处。我在十几年前就得了腰椎间盘突出，常常会腰酸、腰疼，有时候突然一咳嗽腰都直不起来了，非常难受。如果我一天到晚为这个烦恼的话，那就麻烦了——刚开始我也很烦恼，但是后来就学会了与它相处，反正它在那儿，不能因为这个影响我的情绪和大脑，否则的话别的事情就没法干了。生活中的挫败、挫折以及琐碎事，无不是如此。这些不如意很多是没有办法的，是你不得不承受的。所以你要先学会接纳，只有接纳了才能消化，消化了才能够奋起。也就是说，面对挫折和挫败，我们认了，压在我们肩上的负担，我们认了，在此基础上去找解决方案和出路，我们才能真正地走出困境。

不要自己挖坑自己跳

当然，还有些挫折和失败本来是不应该发生的，可能是我们自找的。我想提醒大家：千万不要自找麻烦，否则最后的人生负担就会很重。

新东方很多管理者对我有一个评价，说俞敏洪是一个喜欢自己挖坑自己跳进去，再慢慢从坑里爬出来，最后还充满成就感的人。我觉得这个说法还挺形象的。因为我有的时候喜欢制造麻烦，现在回顾过去，发现自己犯了很多不应该犯的错误，就是因为喜欢自己挖坑往里跳。所以大家千万不要像我一样。这种经历，其实并不会让你的人生更进一步。

我们中国有一句话叫作"失败是成功之母"，但是我觉得这句话并不适合所有人。因为失败对于很多人来说不是成功之母，只对那些勇敢者、反思者才有意义——对于那些勇敢地从失败中承认自己的错误，最后能够更上一层楼的人而言，失败才是成功之母。所以如果人总是低层次地重复自己的失败，这一次失败了，下一次又失败了……不断失败，那是不会有任何进步的。这种失败是低层次的，很有可能是你的个性、眼界、眼光、胸怀问题，导致了挫败。如果你不反思，还是一再地去尝试同样的东西，那还是会失败，没有长进，原地打转，到不了你想要到的远方。

另外，我们需要记住失败不可怕，可怕的是没有理想。因为理想是我们牵引力的来源。如果你的理想是登上山顶，那你绝对不会因为在半山腰摔了一跤就不再往上爬了。但是如果你没有理想，那么摔了一跤，就会觉得这一跤可能是你人生跨不过去的坎儿，可能就再也爬不起来了。所以那些有理想的人、有远大志向和胸怀的人，一般来说不太容易压抑，因为他们心中有面向未来的激情，能够说服自己，眼前遇到的失败和困难只是对自己的考验而已。

这有点像孟子说的"天将降大任于是人也，必先苦其心志，劳其筋骨"。如果遇到了困难、失败，你告诉自己这是老天为了让自己未来做一件大事而对自己的考验，那么眼前的失败就给你造成不了多大的压力。所以只要活着就好。活着，失败必将过去，挫折必将过去，成功也会来到，对不对？所以，一定要让理想牵引你。等到迈过去这个坎儿，即使它曾经看起来像喜马拉雅山一样高不可攀，但翻过去以后，你也会觉得，它只不过是脚下的一个土疙瘩而已。

错误和失败也是有区别的，有低级的错误和失败，也有高大上的错误和失败。我觉得我们要避免在低境界、低层次的错误上不断重复，并在此基础上，不断刷新自己，这样才有意义——通过错误和失败不断提升自己。

和光同尘，知己深交

什么叫和光同尘？它出自老子的《道德经》，意思是不露锋芒、与世无争的处世态度，是我个人喜欢的与人打交道的原则：与人打交道的时候，友好相处、不计较、不攀比、不在意、不得罪人。

在跟身边人相处时，不管这个人的想法是否和你一样，不管这个人的个性是什么样的，跟自己合不合得来，只要人品上没有大问题，你都要与他好好相处。不要自以为思想高尚就特立独行，不要因别人犯了错误就不依不饶，不断地对别人进行指责，这样做完全没有必要。

当然，在这个过程中，我们要学会一件事情，就是要友好地避开小人和恶人。所谓小人和恶人是怎样一种人呢？可能是给你带来很多伤害的人，比如不断在背后说你的坏话，搞阴谋、扎刀子，跟你纠缠不清，但又不触及法律，不会受到法律制裁的人。对于这样的人，你要有能力分辨，并且友好地避开。因为你拿他们没办法，他们却可以把你整得很惨。

除了和光同尘以外，我交朋友的时候还有另外一个原则——知己深交。人这一辈子总要有几个好友，否则太孤独了，我们不可能永远像李白那样"举杯邀明月，对影成三人"。而且这只是李白一时的状态。读李白的诗，你会发现，他交了很多好朋友："桃花潭水深千尺，不及汪伦送我情""故人西辞黄鹤楼，烟花三月下扬州"……所以对于我们来说，除了通常意义上的对人好，更重要的是在生命中要有几个好朋友，无话不说、无事不谈。因为人总有些放在心中的事情，也总有想不开的事情。如果你跟谁都不交往，跟谁都不能谈，到最后可能会把自己封闭起来。而如果你有几个知己好友，能够喝酒聊天，能够无所不谈，把心里的事情都宣泄出来，就十分有利于心理健康。

当然了，在寻找这样的知己好友的道路上，你可能也会有遇人不淑、看走眼的时候。有时候你没看清楚对方，跟他无话不说，最后被出卖了，这是一件令人伤心的事情。但是即使这样，你也要相信自己能找到好朋友，因为总有人是不出卖你的，是值得深交的。"我本将心向明月，奈何明月照沟渠。"这种情况毕竟是少数，你真心对朋友好，朋友也会真心对你好的。找好友还涉及你找朋友的眼光，你需要反复思考，见人识人，这也是自己能力的提升。

此外，我们在与朋友相处的时候，有两种状态。一种状态是你主动把控局面，尽可能主动地对朋友好，主动招待朋友，主动安排一些朋友之间的活动，加深大家的友谊，而不是老被动地等待朋友来找你。朋友相处是双向的，有时候他不一定来找你，但你也不能因为朋友不找你，或者把你忘了，就对别人有意见，觉得人家是存心的。事实可能不是这样的。生活、人生，总要主动一点。

第二个状态是学会心安理得地追随，追随我们喜欢的朋友，追随水平比我们高的人。不管是追随还是引领，都要做到"己所不欲，勿施于人"，也就是说一定要平等交往，互相之间一定不要有某种强加的关系，这是交朋友的基本原则。在此基础上，追随比自己层次高的朋友。这里的层次高不是说要高很多，而是说比自己高就行。

我常常喜欢举自己的例子。如果我当时没有考上大学，只在农村待着的话，就只有在农村生活做事的朋友；后来我进了北大，就有了同样在北大学习的朋友；后来我在北大当老师了，就有了在北大当老师的朋友；再后来我出来干新东方了，就有新东方的事业合作朋友，有很多企业界的朋友……总而言之，朋友就是这样一步一步来的，随着自己的发展与进步，追随比自己水平高的朋友，你学到的东西也越来越多。

可能有的人觉得自己水平低，交不到好朋友，因为没有人愿意跟自己交往。没关系，我在前边说过，与其去不断追逐骏马，不如把自己变成一片丰美的草地，这样骏马自然会来吃草。我们可以把骏马比作朋友，那自己就是草地，自己有了见识和眼光，人家自然会来找你了，对不对？

所以我希望大家能够不断地丰富自己，这也是前面我为什么反复讲要读书、要努力、要珍惜时间。我在一些创业者聚会的场合，发现有些创业者哪个会议都参加，到哪个地方都去跟别人照相，那有什么用呢？人家根本就不在意你。要让别人在意自己，就要先把自己变成一棵参天大树，这样别人很远就能看到你。靠近你，你能给他人提供一片阴凉；活着的时候是一棵绿色的大树，死了以后依然是栋梁之材。这是我认为的做人、交朋友的一个重要原则。

朋友间的利益：说清楚、讲明白、留余地

朋友之间，难免会发生利益往来，虽然我们常说最好不要发生利益往来，但是如果发生了怎么办？我觉得就是九个字：说清楚、讲明白、留余地。说清楚，就是把利益的大小及分配方式说清楚；讲明白，就是把做事原则讲明白，我们到底应该干什么、不能干什么、能干什么；留余地，就是朋友之间，不管是说话还是做事，一定要留余地。如果你是主导者，一定要把更多利益让给朋友。朋友之间有利益往来的话，如果你能做到这九个字，我觉得即使最后争斗再多，也不会突破底线。

像我跟王强、徐小平老师，当初为了新东方的发展，为了企业结构的调整，也为了利益的分配，发生过激烈的矛盾。大家在《中国合伙人》这部电影中就可以看出来，只是现实中发生的事情比电影的情节更加激烈。之所以我们到现在还是好朋友，最重要的就是因为我们能够把心里话掏出来。我们三个是无话不说的朋友，彼此之间能够说清楚、讲明白、留余地，所以一起扛过了艰难的时刻。

做一个有理想主义色彩的人

为什么要做一个有理想主义色彩的人？因为理想主义意味着对美好生活的不放弃，意味着自身的渴望从来没有远离过你。那什么叫理想主义？理想主义是眼光永远看向未来，看到未来的生活场景，有意愿、有动力勇敢地去追求未来；理想主义是不愿意同流合污，不愿被庸俗所淹没，想走出当下的状态，摆脱当下平庸的生活，去追寻更好的生活状态；理想主义意味着不管道路多么艰险、多么漫长，依然愿意风雨兼程走向远方。它可以是想从农村走进城市、想从城市走遍世界，也可以是远方的草原、天边的大漠……

总而言之，我觉得理想主义是一团内心燃烧的火焰。这团火焰可以照亮自己的方向和前行的道路，直到远方。

理想主义之于我们很重要，但也要结合现实。脱离现实的理想主义是很害人的，可能会把现实搞得乱七八糟。

我们举一个历史上的例子。西汉末年，王莽篡夺汉朝政权建立新朝。王莽是个极端的理想主义者，他奉行儒家思想，建立新朝后，就要求所有人都复古，行周朝礼仪，甚至把整个国家的金融体系都破坏掉了，结果天下大乱，他所建立的新朝也很快被推翻了。所以，脱离现实的理想主义是会害人的。

在这里，我想请大家记住一句话，理想主义不是理想化。理想化不是理想，而是追求根本不现实的东西。比如现在很多年轻人婚姻失败，部分原因就是把婚姻生活太理想化了，可现实总是被琐碎的事情填满，不像想象的那么美好，最后无法忍耐，导致婚姻失败。

根据自己的能力大小，量力而行，持续努力，从小的理想开始，去改变自己的现实，这才是真正的理想主义。

最后送大家一句话：如果你是一只鸟，天空就是你的家；只要拥有理想，并且能够看清现实，那么早晚有一天会长出翅膀。

我是演说家：摆脱恐惧

我每次做演讲时，都会有同学表示很羡慕。其实如果给你这么一个舞台，你也许会讲得更好。但你如果总在台下，那永远都只能是个旁观者。不是因为你没有演讲的才能，而是因为你不敢站到台上来。放眼我们这一生，有多少事情是因为我们不敢，所以没有去做的。

曾经有这么一个人，在大学整整4年都没有谈过一次恋爱，没有参加过学生会，也没有参加过班级干部的竞选活动……这个人就是我。其实那时，我不是不想谈恋爱，而是我自己就把自己给看扁了。我总是想，我要是去追一个女生，她就会对我说：你长成这个样子居然敢追我，真是癞蛤蟆想吃天鹅肉。我很怕出现这样的情况，觉得遇到这种情况自己只能挖个地洞钻进去。这种恐惧阻挡了所有本来应该发生在我大学时代的各种美好。

其实，现在想来这是一件多么可笑的事情。我连试都没试，怎么知道就没有喜欢我这类型的女生？就算被女生拒绝，那又怎样？这个世界难道会因为这件事情改变吗？

把自己看得太高的人，我们会说他狂妄，但是一个自卑的人比一个狂妄的人要更加糟糕。因为狂妄的人也许还能抓住生活中本来不属于他的机会，但自卑的人会永远失去本来可以抓住，甚至本就属于他的机会。因为自卑，所以害怕。你害怕失败，害怕别人的眼光，觉得周围的人全都用讽刺、打击、侮辱的眼神在看自己，因此你不敢去做。在你贬低自己、失去勇气的时候，这个世界上所有的门都对你关闭了。

我在北大快要评上教授时辞职了，穿着破军大衣，拎着浆糊桶到北大贴广告。那时，我内心充满了恐惧：这里有我的学生，可千万别碰到。但果不其然，有学生就问：俞老师，您在这儿贴广告？我说我刚从北大出来，自己开个培训班，所以来贴广告。而学生说：俞老师，别着急，我来帮您贴。

我突然发现，原来学生并没有用一种看不起或者贬低的眼神看我，还要帮我贴。不仅如此，那个学生还说会帮我看着，不让任何人把我的广告盖上。逐渐地，我就意识到了，只有克服了恐惧，不再害怕别人的眼光，自己才能成长。也正是有了这样不断增加的勇气，我才有了自己的事业，有了自己向往的生活，有了自己打造的未来。

我在举企业家朋友例子的时候，总喜欢举马云的例子。可以说，他是当下最火爆的企业家了。我觉得他比我伟大很多。

马云跟我有很多相似之处。我俩都参加了三年高考，我考进了北大，他考进了杭州师范学院。从这个意义上来说，似乎我比他更加优秀。但是一个人优秀与否，并不取决于他考上什么大学，也不取决于他的长相——真正的优秀特质来自一个人的内心，即那种想要变得更加优秀的强烈渴望，以及对生命的火热激情。马云身上，这两种特质都有。

如果说在我那个时候，马云能成功，李彦宏能成功，马化腾能成功，俞敏洪能成功，我觉得你应该也能成功。因为我们这些人都来自普通家庭，今天的你拥有的资源和信息，比我们那个时候要丰富得多，你也应当能成功。但事实上，不是每个人都能成功，很多人可能连想都没有想过，就被自己的恐惧拦在了成功大门之外。

所以，我们要克服内心的恐惧，有勇气跨出第一步，这个世界上只有你能够听见自己前进的脚步。所以，我希望同学们能认真想一下，自己现在害怕什么？是不是太在意别人的眼光？想过之后，你会发现，很多恐惧对于你来说，是没有必要的。因为这些恐惧不会影响你的生命质量。如果只因为这些恐惧，你就不敢迈出生命的第一步，以至于生命之路再也走不远，那么留给你的，最终将是后悔和遗憾。请同学们勇敢地对自己的恐惧和别人的眼神说一声：No，because I am myself（不，因为我要做我自己）。

中年男人的成长

有一次腾讯找我去演讲,我一开始拒绝了,因为我一看演讲嘉宾阵容,有张杰、黄圣依、佟丽娅……全是明星。我觉得到时现场会有很多粉丝举着各种各样的灯光牌来支持他们的偶像。但后来想了想,平常跟腾讯的关系也不错,就答应了吧。既然答应了,中年男人说话,当然得一诺千金,于是就有了这个中年男人的话题。

说到中年男人,就不可避免地要讲到冯唐的那篇《如何避免成为一个油腻的中年猥琐男》。其实猥琐男不仅仅存在于中年人中,其他年龄段也有。我也经常说,我自己在北大的时候就是一个猥琐男。

《中国合伙人》这部电影出来以后,我一看,怎么把我的形象描写得那么糟糕。黄晓明演的成东青,大家都觉得很励志,但在我看来,那完全不是我。看完这部电影后,我就和我的大学同学说:这部电影把我拍得真不好。他就问我:怎么不好了?我告诉他:我觉得这部电影把我的这个角色,拍得很没出息。结果他说:老俞,电影已经把你拍得特别好了,你在大学的时候,不光窝囊,而且挺猥琐的。我这才意识到,其实每个人都有自己的成长历程。显然，把大学时候的我和今天的我相比，我更喜欢今天的我。

我喜欢读书，但大学时的我，读的书远不如今天的我多。在大学时，我拼命读也就读了800本书，而且偏死记硬背。但是今天的我，已经读了几千本书，而且读的过程中，认真地总结书中的智慧，就像马云讲的一样，可以提高自己的哲学境界。

那么，中年男人应该是什么样的呢？冯唐在那篇文章中说了很多中年男人的特征，警告大家不要这个、不要那个，其实我觉得是陷入了中年恐惧症。因为像我这样从来没有任何中年恐惧症的人，是不会写这样的文章的。冯唐说不要成为胖子，不要停止学习，不要待着不动，不要当着别人的面去谈性，不要教育先辈，也不要教育晚辈，不要老去回忆自己从前做什么事情……其实我觉得这是冯唐自己的恐惧。

冯唐的说法出来之后，高晓松就站出来了，说胖子跟中年油腻男没有任何关系。我一看这就是"贼喊捉贼"嘛，一个胖的人站出来说这话，当然没有说服力。一时间，所有人都想与这个标签撇清关系。真被贴上这么一个标签，人们都会觉得很麻烦。

网友列了很多油腻男的标志，例如身上挂一串钥匙、抱个保温杯、喝普洱茶、唱草原歌曲、穿唐装……其实这些外在的标志，跟油腻男并没有太大的关系。同时，还有很多人提出来，如果你认为自己不是个油腻男的话，就应该做一些事情，比如要寻找自己的偶像，并且坚韧不拔地爱下去。可是我一想，在这个世界上，除了家人我可以坚韧不拔地爱下去，还会有谁值得我坚韧不拔地爱下去呢？因为人情关系总是流动的，今天我爱你，说不定哪天我就不爱你了；今天你爱我，明天说不定一睁开眼睛就不爱我了。

还有人说要学会年轻人的网络语言，要打《王者荣耀》……很有意思，大家都在给中年人提各种各样的建议，似乎这样做就可以不被认为是油腻男了。但建议中提到的，我们年轻的时候都做过，只是形式不同而已。当下的这些建议，并不适合我们中年人来做。中年人只要把该做的事情做好了，就不会显得油腻。我曾经问新东方的年轻女生：我像个油腻男吗？她们回答：你除了从外表和年龄看是个中年人以外，还不太像油腻男。紧接着她们又给我加了一句：所谓油腻男，其实是一种心态，就是不管20岁、30岁，还是50岁，只要这个人内心充满了油腻，就再也不成长了，充满了猥琐的感觉，那就是油腻的，而且不仅有油腻男，也有油腻女。

听她们这么一说，我就放心了。那油腻的中年人，到底有些什么特征？我总结了一下。

第一个特征，我认为是贪。一个官员心里想的就是贪污点人民的财产；一个女人跟男人结婚，图的就是男人的钱；一个男人跟女人结婚，图的就是女人的美貌，不看她内在的美好；一个人恨不得全世界的好东西都归自己，而所有的坏东西和坏运气都到别人身上去……这样的人就是典型的贪人，油腻、猥琐的人。

如果你身边有这么一个人，不管是年轻的还是年老的，只要遇到，就要避而远之。

第二个特征是俗。俗，不是指衣着打扮俗，不是说穿得花花绿绿的。真正的俗，表现在内心，比如说喜欢炫耀，炫耀自己的外表，炫耀自己的地位，炫耀自己的名车，炫耀自己家里有钱，甚至还有人把自己的人品拿出来炫耀。

这些人，我认为就是油腻的人。他们除了炫耀可见的东西，从来不去追求内心的丰富。这样的人，放弃了自己对美好前途的追求，放弃了心中的远方，放弃了可以提升自己的美丽的东西。他们心中，不再有崇高，放弃了自己的进步，而且还会始终认为这个世界一切都已经固定了，再努力也改变不了自己的命运。如果你有了这种想法，可能这辈子就真的改变不了自己的命运了。因为一个人只有想着未来才会有未来。一个人不朝向未来，未来就永远不会来到他的身边。

就我个人来说，我一直认为即使很多美好的东西已经被别人拥有了，这个世界上依然还有很多的好东西在等待着我们。我们要做的，就是始终相信未来，并向前流动。油腻就是流不动了，像猪油一样凝固在那儿了，而流动意味着我们要走向远方，要翻过那座山去看那片海。如果我们能像黄河水一样滔滔不绝地奔流，甚至像马云说过的像山泉水一样能够浇灌人的生命，我觉得我们就一点都不油腻。

第三个特征，我觉得就是装。我碰到过不少这样的人，有年轻人，也有老年人。这些人很喜欢装自己已经获得了智慧，装作一个大师，装作某个领域的专家，在年轻人面前装得高深莫测，或者纯洁无瑕；而且有错误的话，坚决不承认，在任何人面前都不敢坦荡地面对自己。我觉得愿意承认自己的错误并不是什么令人难堪的事，我就挺喜欢调侃自己的。我从来没觉得自己完美，也不太喜欢装，尽管有的时候也被认为装了。比如我喜欢分享自己的旅游笔记，一些人觉得我是装的，但是我觉得那就是我对生命的自然流露而已。

我认为中年油腻男还有一个特征，那就是懒。这个懒不是指一天到晚躺着睡觉。有些被大家称为油腻的人，是外表的油腻，像冯唐说的不洗澡、不刮胡子，这是外表的懒。但相对于外表的懒，最怕的还是内心的懒。内心懒，表现为不愿意思考，不愿意追求新的东西，但有的时候，也会以勤奋的方式来体现。比如一个人不注重提升自己，一天到晚去和所谓的名人交往，今天想认识这个，明天想认识那个，这就是一种懒，因为这种人想借助别人的成功来掩盖自己的无能，对自己的生命成长没有信心。管理学上有一个名词叫作"最懒惰的企业家"，指的是用战术的勤奋掩盖战略上的懒惰，这是真正的懒。如果一个人只想着如何投机取巧，而不是去关注大势，去想自身应该如何发展，不能预料未来，那就是一种真正的懒。

所以我觉得，不管是年轻人、中年人，还是老年人，要想不让自己成为一个油腻的人，非常简单。不是不穿唐装，不带手串，不喝普洱茶，不抱着保温杯……相反，我觉得喝普洱茶是件好事，会让我们的身体更加健康，我们真正应该做的是明白自己到底应该做什么。我觉得中年男人其实已经拥有了很多。他们相对成熟，就像一架待飞的飞机，可以冲上天空，甚至已经飞上了天空。他们可以做很多事情，能适当控制欲望，知道怎么用自己的名声来为社会做好事，知道自己的财富可以用在哪些更加重要的地方……他们也担负着更重的责任，上要对父母负责，下要对子女负责，还要对工作负责，要与同事协调工作。他们身上还有一个更加重要的责任——社会的建设者。

人到中年，成家立业，在工作岗位上也有了更高的提升。你看从政府领导到企业家，大多数都是中年男人。家庭、单位、社会，都使他们意识到一点，永远不能弯下自己的脊梁，因为如果他们弯下自己的脊梁，家庭和社会可能都会崩塌。

对今天的年轻人而言，要知道自己的父母是多么不容易，他们人到中年，扛起许多压力，为年轻人顶开了一片天地。所以，年轻人不要随便说中年人不懂得自由，不懂得享受，没有个性。

我想对年轻人说：你们拥有自由、个性、空间，是因为你们的父母为你们顶起了一片天空；他们牺牲了自己的自由和享受，换取了你们当下和未来更大的世界。所以请记住，中年人真的不容易。

我说这些，并不是为一些中年人的懒惰开脱。我觉得不管中年还是老年，只要有进取心在，就是可以的。

刘备在四十几岁的时候，天下分合还与他没关系。有一次，他跟刘表谈话说，"吾常身不离鞍，髀肉皆消，今不复骑久矣，髀里肉生。日月若驰，老将至矣，而功业不建，是以悲耳"。后来，刘备建立了蜀国，就是因为他心中有壮志，有建功立业的情怀，所以他的生命才能往前，留在史册。姜太公72岁的时候还在渭河边钓鱼，等着遇到周文王这样的贤主，让他能够发挥自己的才能。最终，他辅佐周文王、周武王两代君主，开创了周朝的基业。放眼世界，也不乏这样的例子。比如里根70岁竞选美国总统，成为美国历史上一位伟大的总统。所以，我们这些中年人必须始终与年轻人为伍，帮助年轻人成长。作为中年人，我们能够利用自己的资源、财富、渠道，为年轻人做很多事情。

就我个人来说，除了新东方，还做洪泰基金，给年轻人做演讲，这也是与年轻人交流和学习。另外，我还继续为教育做事情——为中国孩子的全面成长、中国的家庭教育、中国教育与科技的融合、中国贫困地区与城市教育的均衡发展做些事情，为中国教育政策提些建议，等等。

在此基础上，我要让自己成为一个有趣的人。尽管生命需要严肃，需要有意义，但我觉得有趣更加重要。所以，我每年都要去几个国家走一走，并且保持写文化传记的习惯。每到一个地方，我会遍寻美食、好玩的人，拜访当地的居民，去跟他们聊天，之后认真去探寻这个地方的历史、现状，以及未来的可能走向，并把我的观点与年轻人分享。

除了有趣，我觉得我还可以成为一个永远有上进心的人。我一直坚持每年读100多本书，但这并不是说上进的表现就是读书，而是不断吸纳新思想，不断跟引领这个世界的人打交道。除了提升自己的思想，我们还要不断跳出自己的舒适圈。很多人都喜欢待在舒适圈里，我也一样，但我们必须为走向未来、为事业的进一步腾飞做准备。

到了我这个年龄段，就更加知道财富的意义所在。吴晓波曾经说过，有钱让浅薄的人变得更浅薄，让深刻的人变得更深刻。我希望自己变成一个深刻的人，而且我清楚地知道怎样才能让自己变得深刻，那就是帮助别人，传递生命的美好。这个世界上的美好和善意都是不断传递的。

大家可能听说过一个广为流传的故事。在英国，一个农民把一个小孩从池塘里救了起来，小孩的父亲是个大贵族。为了感谢对儿子的救命之恩，这个贵族要给农民一笔钱，但被农民拒绝了。贵族灵机一动说：你的孩子跟我的儿子差不多大，我就送他到城里，让他和我儿子一起去上学吧。后来，这个农民的儿子去上学了，长大以后进了医学院，发明了青霉素，这个孩子的名字叫弗莱明。被救起来的孩子在二战的时候，得了肺炎快要死掉，最后通过青霉素保住了性命，而这孩子的名字叫丘吉尔。

　　这个故事也许是编的，但是背后的意义非常重要——当你把善意传给别人的时候，这个世界的善意就会持续存在。生命最伟大的地方，也在于把善意传递给另外一个生命，让这个世界变得更加美好。

时代与个人：将命运握在自己手中

关于人生，我们不管做多少准备，都是不够的。因为这个世界在变化，我们周围的人在变化，周围人的想法在变化，而我们自己也在变化。所以，我们必须面对每时每刻发生的改变。而只有充分做好了应对变化的准备，我们才能不惧一切。

任何一个时代都是离不开个人的，是一个个人组成了这样的时代。而我们每一个人其实都像大江大河里的一条鱼，可以逆流而上，也可以顺水而下，但无论如何，都离不开大江大河。

2018年底，有部挺火的电视剧，叫《大江大河》，我用一天时间看完了这部剧。有人可能会问：47集加上后面的花絮，一天时间怎么能看得完？很简单，我倍数播放，一点信息都不漏，还省了一半的时间——可以说，我是一个省节时间的专家。在看《大江大河》时，我竟然看到了自己的影子。不管是在王凯演的宋运辉身上，还是在杨烁演的雷东宝身上，我都看到了自己的影子。因为我是农村来的，见证了农村改革开放40年的成就。我的很多亲戚朋友，包括我姐现在还在农村。而我从农村出来上了大学，就像宋运辉一样，后来又在北大当了六七年老师，所以有很深刻的体会。这部剧给我最大的感受，就是每一个人都是被时代裹挟着往前走的。

我是幸运的，因为1978年恢复了中断十年的高考，我得以考上北大，虽然我考了三次。在北大，我又经历了一场思想解放运动——实践是检验真理的唯一标准。北大是一个充分自由的地方，我读了大量有关思想的书，有国内的，也有国外的。1988年，国内出现了出国留学热潮，我也参加了几次出国考试，后来因为没有拿到奖学金所以没有出去。1992年，邓小平南方讲话，更是开启了一番新景象。我觉得在国内很有希望，所以成立了新东方学校，虽然那个时候还没有《公司法》。2002年，《中国民办教育促进法》出台，这时自己挣出来的财产可以算在公司名下，于是有了新东方发展成为新东方教育集团的机会。结合2001年出台的中国公司可以调整VIE（可变利益实体）结构到国外上市的规定，新东方于2006年到美国成功上市。

所以大家可以看到，我个人成长的过程和新东方的命运轨迹，是跟国家发展的轨迹紧密相连的。国家的政策、发展、进步、改革开放以及胸怀，决定了我们每一个人在这个时代的命运。国家的经济衰退，我们的业务就会衰退；国家的经济发展，我们的业务就会发展；人民斗志昂扬，我们每一个人就会意气风发；如果所有人都感觉不到希望，那我也不会独自看到光明。

毫无疑问，我这一代人是挺幸运的。在改革开放、蓬勃发展40年后，我们的国家走完了国外用两三百年才走完的道路，从农业社会变成了工业社会、高科技社会。而我们每一个人，也活了古代人几辈子、几十辈子都活不出来的精彩。虽然这个精彩有时候是别人的,不是我们自己的。

那另外一个问题是:时代精彩,我们就可以活得精彩了吗?我不认为是这样。

如果你只是随波逐流的话,你的生命是不可能精彩的。只有通过个人的奋斗,生命的精彩才能不断呈现出来。

有那么两个农村孩子,在第一年参加高考失利后又参加了第二年的高考。在第二次高考之后,其中一个孩子放弃了,说自己的命运就是农村人,只能在农村待着,但是另外一个孩子不屈不挠地参加了第三年的高考,最后进了北大。这就是我和我一个朋友的故事,他现在还在我家乡,拿着国家每个月几百元的补贴,几乎从没有走出过我们那个县,也没有看过精彩的世界。

在改革开放的时代,这就是一个人是否奋斗与坚持的不同。

可能很多人都知道,我在北大期间得了肺结核,住进了医院。其间有另外一个大学的学生也得了肺结核,也住进了医院,我们两个人在同一间病房。当时,我们两个人都灰心丧气,感到绝望,因为在那个时候肺结核是很严重的病。但很快我就醒悟过来了,觉得这样哀叹命运是不行的,必须在病痛期间奋起直追。所以在住院的那一年,我读了大约200本书,背了1万个英文单词。而我的病友一直沉浸在悲伤之中,看看电视,找一帮病友打打扑克牌。我俩今天的发展结果,差距也是非常明显。我那位病友现在过着平庸的,甚至有点贫困的生活,而我有了新东方。

在我身上,还有另外一个故事。在北大工作的时候,我因为跟领导对着干,最后被处分。而我的一个朋友在另外一所大学,也是跟领导过不去,尽管没有被处分,但是干得也不顺心。我,大家都知道了,毅然决然地从大学辞职，跑出来干了想干的事，后来做成了新东方。而我的那位朋友现在还在大学跟领导对着干，成为一个普通的、有个性的教授。

我想用发生在我身上的三个真实的小故事，说明即使在一个精彩的时代，人的命运也是要靠自己来决定的。

与此同时，不管是国家的精彩还是个人的精彩，其实都是跟世界的精彩连在一起的。如果没有高科技的迅速发展，没有与改革开放全面结合，我们中国不一定有今天的成就，也不可能有一代又一代的中国企业家，从50后的王石、60后的我、70后的刘强东，到80后的王鑫，以及现在的90后、00后，一代又一代人的精彩是跟世界的精彩结合在一起的。

从互联网、移动互联，到5G、人工智能、区块链，每一项技术的发展都推动着世界的发展，也在推动着中国的进步。没有中国发展与世界发展相结合，你难以想象这个世界会有马云，会有马化腾。而我，也是在国家发展和世界发展的趋势中，不断地认识世界，抓住发展机会，最后做成新东方，从20世纪90年代开始到今天帮助近400万留学生到世界各地去留学，帮助这些孩子接触世界，把世界带回中国。

在32岁那一年，我终于有机会去了美国，自己驾车30天开了接近1.6万公里，访遍了我认识的所有朋友以及美国的著名大学，从中知道这个世界无比宽阔，知道这个世界上每个人的思想是如此不同。1995年，接触到互联网后，我才知道世界是可以用这种方式联系起来的。我相信，这对我后来能把新东方做起来，有非常大的帮助。

这就是为什么到今天，我一直鼓励年轻人要到世界上去看一看，只要有机会，就要跟不同思想的人打交道。这种思想碰撞带来的火花，能使我们走得更远、看得更高。

我们常常会说，这个世界太大，我们作为一个个人，好像没有办法回馈这个时代，为这个时代做贡献。但其实，自己做好了，就是对时代、对国家的贡献。

中国的伟大，不仅仅因为有邓小平等国家领导人，也因为有14亿老百姓在奋斗。我想大家在《大江大河》中也看到了，雷东宝是一个农村企业家，宋运辉是一个普通大学生，到工厂当技术人员，就是这样一个一个的小人物加起来，使我们的时代变得伟大，使我们的国家变得伟大。

有一次我在法国演讲，他们问我中国为什么能取得这样的成就。我说，就是三个要素：第一是中国的政策好，实施了改革开放；第二是中国人民勤劳、勇敢和勤奋，对繁荣富强充满了热情和激情，而且这种激情是发自内心的，没有任何障碍的，不可阻挡的；第三，世界市场和中国市场的开放使我们可以自由贸易。

第一个和第三个因素，就属于时代给予我们的机会，而第二个是我们能在这个时代主动做的。所以，我们不要小看自己。在时代的大江大河中，我们每个人就是其中的一滴水，这滴水可以发挥巨大的作用，可以汇聚成大江大河。在这大江大河中，我们自己也能够永不干枯，随着江河一起奔腾。

所以，请大家记住一点，永远不要放弃自己。因为你不放弃，所以你有未来；因为你面对艰难困苦坚持努力，所以你有阳光。

在人生的过程中，我们追求的是人生的浓度，像茅台酒一样热烈的浓度；追求的是人生的高度，像珠穆朗玛峰一样的高度。人生有多长，不是我们思考的问题，我们能做的只是锻炼好身体，延长生命的长度。但更加重要的是，我们是否将每一天都过得精彩？这个星期过得精彩吗？回顾自己的人生，觉得精彩吗？面向未来10年、20年，觉得自己能够创造更加精彩的生活和未来吗？

这个时代也对我们提出了非常大的挑战。以我为例，一个文科出身，抱着《唐诗》《宋词》《红楼梦》可以一天不放的人，一个一直想游山玩水、喝茶、喝咖啡的人，不得不研究人工智能，不得不研究系统应用，不得不读100本到200本书。没有办法，这就是这个时代对我们的要求，除非我们想放弃这个时代。但是，当你放弃这个时代的时候，这个时代也在放弃你。所以，为了拥抱这个时代，为了让时代的精彩变成我们人生精彩的一部分，也为了给时代增光添彩，我们不得不努力。我们的生命就是在这样的努力中不断开花结果的。

人生是一道多选题：生命的选择与发展

人生是道选择题

美国诗人罗伯特·弗罗斯特有一首诗，其中有一段是这样写的："Two roads diverged in the wood and I took the one less traveled by. That has made all the difference."这段话的意思是：一片树林里分出了两条路，而我选择了人迹更少的那一条，因为这样的选择会使我的人生从此与众不同。

这段话反映了非常有意思的一点，就是我们的决策机制。中国有句话叫作"鱼与熊掌不能兼得"。也就是说，当我们开始选择以后，就像我们面前的道路一样，选择了这个方向就不能选择那个方向。很简单的例子就是：你选择住在北京，就不可能同时住在上海；你选择到美国留学，就不可能同时到英国留学。所以选择的过程，其实也是放弃的过程。婚姻也是一样的，你选择了一个人，就不能同时选择另外一个人，否则就是出轨，突破了道德的底线，还可能会触碰法律。当然，那些允许一夫多妻的国家除外。

然而，人生的选择，有些虽然可能要付出代价，但是是可逆的，而有些是没有回头路的。比如我当初从北大出来选择在教育领域创业，那就不可能过两年又去做房地产，再过两年又选择其他行业，这样就不可能有今天的新东方。

做选择时，其实主要考虑两点。第一点是确定选择到底正确不正确，因为如果方向错了，那结果也不会按照你设定的路线来。而且选择正确与否，还直接关系到你有没有动力坚持下去。因为选择了之后，不可能马上见到结果，所以你需要找到坚持的动力。比如说你要考托福、考GRE（美国研究生入学考试），或者考GMAT（经企管理研究生入学考试）。你到底能不能够完成这些比较困难的考试，就是一个坚持的过程。而且还有一个问题，就是当发现选择错误以后，你有没有能力改正。

仍以婚姻为例。你选择跟某个人结婚，但过了一段时间以后，突然发现两个人不合适，那你有没有勇气选择离婚呢？离婚会带来很多损失，精神损失、财富损失，等等。尤其有了孩子以后，还要承担巨大的家庭责任。因为孩子是无辜的，不能因为两个人感情不好，影响孩子一生的成长。这个时候，我们的选择就变得很难。

简单的选择，即使我们选错了，也没什么后果，比如说吃西餐还是吃中餐，这个选择没有什么后果，无非就是当时的感觉不太好而已。但是，如果做出选择后的影响比较重大，我们就要特别谨慎了。比如，选择到哪个城市生活，选择什么样的专业，选择交什么样的朋友，选择跟什么人结婚，结婚以后要不要生孩子、要不要跟父母住在一起，等等。

这些选择都可能改变你的人生方向，或者人生定位，你要特别谨慎。

所以我常常开玩笑说，谈恋爱可以放松一点，如果两个人觉得不合适还可以分手。但是结婚就要慎重，因为结婚的那一天，就意味着你下定了决心，两个人要生活一辈子，至少在结婚的时候是这样想的。

现在，很多年轻人觉得选择之后要承担那么多的责任和后果，干脆就不选择了。所以现在确实有一批年轻人一个人过，但这何尝不是另一种选择？选择一个人过，其实也承担着相应的后果，尽管婚姻带来的家庭责任没有了，但自己还是要履行个人的社会义务、责任，承受孤独，所有事情都要自己扛，这也是一种选择。

但不管是哪种选择，无论是比较糟糕的，还是给你带来轻松、幸福、快乐、积极的选择，只要是你主动的选择都没有问题。你想改变自己的生活现状却没有能力去改变，才是人生最悲催的状态。

一个人可能会感觉自己的人生很糟糕，比如回家天天与另一半吵架，同事之间尔虞我诈，跟领导也有矛盾，对自己住的城市已经很厌倦，或者跟父母或其他人住在一起时会产生很多紧张情绪，等等。这时，如果没有能力去选择，改变自己的现状，那就会陷入悲催的境地，就像深陷泥坑之中拔不出来。

所以，当发现选择不对时，你要有改变的能力和勇气。

比如说，辞职就需要有勇气，因为辞职后有可能找不到工作，可能有几个月没有收入；选择离开自己熟悉的城市和环境，进入一个陌生的城市和环境去闯荡，也需要勇气。这就像弗罗斯特的诗中写的一样，选择那条人迹稀少的道路，尚不清楚这条路是不是死胡同，路上有没有野兽或者其他障碍，是真正需要勇气的。

有的时候，帮我们做选择的可能是被动的力量。比如出于逃避、恐惧，或者有人推着我们往前走，或为大形势、大环境所迫，于是我们自然而然地就沿着路径往前走了。比如我当初坚持要考大学，一方面是出于对大学生活的向往和渴望，另一方面是我对一辈子待在农村、干一辈子农活充满了恐惧感。

所以不管是主动的勇气，还是逃避和恐惧、被动的力量，只要能推动你在人生的道路上往前走就可以了。同样地，不管你是主动选择，还是被动选择，重要的都是承担责任，人必须为自己的选择负责。而很多人之所以不愿意主动选择，就是为了逃避责任。

我现在常常听到有些年轻人说，是我父母让我这么做的，是领导让我这么做的，是形势让我不得不做这种选择。这种说法其实就暗含了一种比较糟糕的心理状态：反正不是我自己选择的，我是被迫的，所以我不用负责任。如果你总这样，就会失去主动选择的能力，以后只能被动选择时，你的人生就不会被激发出激情。

那么，我们该怎么做呢？我们需要学会主动选择，这对人生成功也是至关重要的。学会主动选择，就是不要被其他人所左右。比如夫妻之间产生分歧，不能被父母所左右，可以友好地协商，达成共识更好。如果达不成共识，要一方屈从于另外一方，并且是以放弃自己认为最好的选择为代价，那这就是不可持续的。你要想办法和对方达成一致，而不是放弃自己的意见，认为爱对方，对方这样要求自己就这样做。你一再退让的结果可能是增加了对自己的限制，最后可能造成的结果是，自己的主动权逐渐丧失，像一个蚕茧一样，把自己给包裹起来了。这样，你就真的不好往前突破了。

选择的依据

常常有人问我：俞老师，怎么样能够判断我们的选择是对的，能够帮助我们过正确的或者说更好的生活？其实这并不难。我觉得第一就是要判断这是不是你真心想要过的生活。比如说，你需要改善经济状况，要从一个公司换到另一个公司工作，因为这样能多 5000 元收入。如果只从这个维度做短期选择的话，也不会有问题。

但是这样的短期选择往往给我们带来一个后果，比如说原来的工作虽然工资只有 5000 元，但是是自己喜欢干的；而工资 1 万元那份工作不是自己喜欢干的。这样看，尽管你短期内获得了经济状况的缓解，但长久来说，是以牺牲自己的爱好为代价，甚至可能是牺牲自己一辈子的追求为代价的，这就是错的。所以关于选择的几个依据，我觉得第一个就是判断我们做的选择是不是我们真心想要过的生活。

我举个简单的例子，我曾经面临几个大的选择。第一个是从农村走向大学，这种选择失败了没有后果，因为我本身就是农民，失败了就还做原来的自己，但成功了我就是个大学生。毫无疑问，这是在人生道路上迈了更大的一步。所以，这个选择肯定不会错。

大学毕业的时候，我面临一些工作选择，其中几个选择都可以让我到政府部门工作。当时，我反复问自己几个问题：你喜欢朝九晚五的生活吗？你喜欢当官员吗？我的回答就是"no"（不），所以就决定不去了，因为我觉得我喜欢自由散漫，所以我选择留在北大当老师。这个工作满足了我的几个需求。第一，我喜欢读书。北大图书馆就有 1000 万本书，我可以随时走进图书馆去看书。第二，我喜欢跟人交流。跟学生交流也经常能碰撞出思想的火花，尤其是在校园这种比较纯粹、简单的氛围中，尽管老师之间的竞争也是非常激烈的。第三，我喜欢北大的环境。每天到未名湖边去散散步，风花雪月的日子挺好。在北大当老师时，虽然工资比较低，还没有房子住，只能住在教师宿舍，两个人一间，但我觉得没什么问题，因为这是我自己选择的。

在北大当了几年老师后，我打算出国，一是因为当时我的朋友们都出国了，二是因为如果我想在大学当一辈子老师的话，需要出国读个硕士或者博士。于是，我迎来了第三个选择，到国外去留学。所以，我不断地考托福、考GRE。后来因为拿不到奖学金，这个选择失败了，但是我可以重新做选择了。

我的第四个选择就是，离开北大。从某种意义上说，这个选择有点被动了。当时我在外面讲课，想自己挣足学费以后自费到国外留学。但因为这件事，北大给我了一个行政处分，这实际上等于把我赶出了北大，一个被处分过的老师，很难继续在北大待下去。出来之后，其实我还想着到国外读书，选择是没变的，只不过要自费。而在这个过程中，又出现了新的机缘。我们中国有句古话：树挪死，人挪活。不管是主动，还是被动，只要你动了，新的想法和新的选择就会产生。我出来以后先为别的培训机构教书，后来又觉得别人都能够办培训班，我为什么不能办呢？于是，我就想方设法地自己办培训班，刚开始甚至没有办学执照，但还是硬着头皮办了。

所以，人生就是一个不断选择的过程，我们并不能保证每个选择都是对的，但是当有了选择标准，觉得它是自己真心想要的，认为它能把自己带到一个更高的境界，就应该是没有问题的。就像我刚才反复提到婚姻的例子，选择婚姻时，首先要确定对方是自己真心所爱，是自己真心想过日子的人。而两个人在一起过了一段时间以后，发生了变化，或者发现彼此不合适，也许还要离婚。但是即使这样，之前选择结婚也不能算是个错误，因为我们没法百分之百地掌控未来。这就像找公司合伙人一样，我找到了徐小平、王强一起做新东方，我们做得很好，一直把新东方做到了上市。但此后，我们就面临另外一个选择。我们知道，新东方上市以后，我们再在一起做合伙人，继续把新东方做下去，已经不可能像原来那样亲密无间了。因为在新东方变革的过程当中，我们经历了一轮又一轮利益纷争，一轮又一轮意见冲突，最后选择了分开。我继续做新东方，徐小平开拓自己的新事业。后来，他们一起创立了真格基金，真格基金的天使投资在国内有响当当的名声，这就是重新选择。

怎样才能过上美好的生活

没有人能一下看透人生，像我们普通人，能看到两三年就了不得了。这两三年我们可以想清楚后面应该做什么，如果能把这两三年要做的事情跟一辈子想要做的连起来很好，但连不起来也很正常。因为我们的人生会面对两大困境。第一个困境是我们根本就没法预料我们一辈子到底能走到什么地步。当然，有的人始终坚持自己单纯的理想，并最终实现它，像病毒研究专家，专门研究各种病毒，攻克难题。这样的人很伟大、很纯粹，他们的生活比较简单，人生困惑也会相对少一些。但是我们大部分人很难做到这一点。第二个困境是，我们的信念或者信仰有可能会被不断地击碎。比如我们小时候很相信童话故事，西方人小时候很相信圣诞老人会在平安夜，从烟囱下来送礼物。但是随着我们不断变得成熟、理性，随着我们理解力的上升，随着我们科学知识的不断丰富，我们的信念和信仰会不断被击碎。

再比如我们在少年时对爱情和友情都保持着非常纯洁的想法，对朋友无比地信任，把爱情当作美好的信仰，恋爱中的人就像童话中的白马王子和白雪公主，会没有痛苦地过一辈子，但是这个世界上并没有这样的事。对于友情，我们总认为朋友之间应该是忠贞不渝、坚定不移的，但其实不管是在生活中，还是在事业的发展过程中，这种想法总是会被朋友的背叛击碎。当信仰和信任崩溃的时候，我们很容易陷入一种信仰虚无和信任缺乏的状态。所以有一些人长大之后，状态一直不好，处于怀疑、猜忌、不信任他人、不敢坦诚面对别人的状态中。

大家可能听说过罗曼·罗兰的一句话：世界上只有一种真正的英雄主义，那就是在认清生活的真相以后，依然热爱生活。就是说，当经历了各种磨难以后，你可以挺过来，依然觉得世界美丽，觉得生命值得热爱，这就是真正的英雄主义。这句话隐含的一个道理就是，我们只有在经历了千疮百孔的生活和人生打击以后，依然热爱生命，才能够过得更好。我喜欢用苏东坡求学问道时的一个故事来说明这一点：最开始，他"看山是山，看水是水"；有了一定经历后，"看山不是山，看水不是水"；后来，他在人生更高的境界和层次上豁然开朗，能够"看山还是山，看水还是水"。经历过种种蓦然回首，我们依然热爱人生，对我们来说，这才是真正的生命的基石。

世界不会像你想的那么好，也不会像你想的那么糟，它本来就是这样的。从古代到现代，不管在什么地方，你身边都不会全是好人，也不会全是坏人。好人和坏人永远是共同存在的，亲情、爱情、热爱、背叛、友情中的支持和拆台，也都是永远存在的。

当然，如果你有更好的智慧、更高的眼界，可以尽可能避免这样的事情发生。或者说，你可以用自己的能量消除这些事情对自己的影响。但是不管怎样，世界就是这个样子。那么，就有人会问了：面对这个不确定的世界，我们怎么样才能过上美好的生活呢？我觉得特别简单，生活的美好取决于你自己，你必须要为自己的选择负责任。这包括三个方面。首先，你要判断什么事情值得做，什么事情不值得做；什么话该说，什么话不该说；对什么人应该保持警惕，对什么人不用保持警惕；什么人能跟你成为一辈子的好朋友，什么人不能成为你一辈子的好朋友；应该选择跟哪个人在一起生活，不该选择跟哪个人在一起生活；哪个人能做合伙人，哪个人不能做合伙人；什么是你终身追求的事业，什么不是你追求的事业。这种判断很重要，需要你用自己的知识、见解、眼光、胸怀等来判断，而你的选择就是在这些判断中出现的。

其次，是你的心态。你是愿意退一步海阔天空，还是对人不依不饶。生活中有不少人遇到事情就要分个对错，不依不饶，战斗到底，不达目的不罢休，或者不赢得面子绝不罢休。这是心态问题。这种人常常会把自己卷进去，弄得自己心神不定，失眠焦虑，甚至出精神问题。

这个道理，我小时候钓青蛙时就有特别深的感悟。我小时候常钓青蛙给鸡或鸭子吃，当然也可以自己吃。现在想起来，这是一件挺残忍的事。钓青蛙和钓鱼不一样，钓鱼竿是有鱼钩的，鱼在吃鱼钩上的饵时会被钩住，想跑都跑不掉。但钓青蛙的竿是没有钩子的，在绳的末端系一小块鸡肉，或者一小块其他青蛙喜欢吃的东西，然后把饵放在岸边稻田里抖动，青蛙就会以为是个小虫子在跳，一口把它咬在嘴里。从道理上说，在把绳子拎起来时，青蛙嘴巴一松，就可以跑掉了，因为没有钩子。但青蛙咬了饵之后，就是死活不松口，直到被我抓到放进麻袋里。青蛙的命运可想而知，因为咬住不松口，最后没了命。

很多人一辈子为什么过得那么艰难，也是因为抓住一个东西不愿意放手。可能是因为他们原来付出太多，沉没成本太大。比如很多创业人员，做了一段时间发现方向不对，但是已经投入了那么多钱，那么多精力，即使不对，也要坚持下去。当然，坚持的结果常常是更加不对。因为已经投入的成本实际上是沉没成本，如果不愿意放弃，就只能追加更多的成本，造成成本累加，最后变得不可承受。

所以，该放的不放，该舍弃的不舍弃，该坚持的不坚持，这种心态肯定不对。至于应该舍弃什么，应该坚持什么，那就是自己的判断了。青蛙不会知道自己咬那块肉会害自己丢命，鸡也不会想到每天喂它食的主人有一天会把它吃掉。

积极的存在主义人生观

存在主义哲学家萨特在法国乃至世界都非常有名。我在大学的时候就学萨特的存在主义哲学，他的三大原理，我觉得到今天仍然实用。

第一个原理是人生实际上是虚无的。因为人的信仰失去了，上帝死了，原来所坚信的也就没了。从长久来说，每个人都会死的，那人这一辈子到底追求什么呢？追求的就是活着，活得有没有意义暂时搁在一边，既然死了以后是虚无的，那活着的时候，就要做出最好的选择。

存在主义的第二个原理就是你有选择的自由。曾有纳粹军官在被审判的时候，反复强调自己当初之所以杀犹太人，是因为上面的命令，而军人以服从为天职，所以并不是自己想杀，自己没有选择。萨特说：你有选择，你可以选择自杀，这样就避开了杀犹太人；可以选择辞职，不在军队里干了；还可以选择叛逃……你有选择，只不过不想选择而已。

所以萨特存在主义理论讲的是，人在任何时候都有选择的自由。现在很多人常常说：没有办法，这是领导让我干的，父母让我干的，所以我没得选。按照存在主义的观点，这是错的。像我们刚才说的，只要你有足够的勇气，哪怕是被动的勇气，哪怕最后你不得不做出选择，最终你还是有选择的自由的。

第三个原理是，人生虚无也好，选择有限或无限也罢，人都只有一条出路，那就是积极对待自己的生命。这也是拯救自己的唯一办法。如果我们觉得人生虚无，很被动、很消沉，就这样颓废地待着，你觉得这是一个好选择吗？人生不会因为你颓废和消沉就变得有趣。相反，它会变得越来越无趣。

我常常说，人生的绝对意义很难寻找，就连地球从长久来看都是要毁灭的，但是人生的相对意义是可以找到的。什么叫相对意义？也就是说，如何把自己的一辈子过好，如何把今年过好，如何把今天过好，这种意义是可以找到的，这就符合存在主义哲学"积极人生"的概念。

任何一种选择都会伴随着责任，有时候这种责任甚至会变成一种枷锁。比如，有人认为婚姻就是一种枷锁，有人说有钱也是一种枷锁，有钱了以后反而变得更加不自由。其实，只要你做出选择，只要你的人生在进步，在你完成一个责任的同时，另一个责任就一定会来到的。所以，责任总会有的，一味轻松的人生是不存在的。

做出选择有可能会出错，但最大的错误是不做任何选择。选择读本书总比不读好，选择去走1万步或跑5公里总比坐在那儿不动好。当然你坐在那儿，也是一种选择，只不过是一种懒惰的选择。

对此，我的观点很简单，既然选择就得承担责任，而且必须积极地承担你所选择的责任。有一句话叫作"戴着镣铐跳舞"，但你也可以把自己承担的责任、戴的镣铐变成让你的生命飞扬的工具。如何实现这一点，才是重要的。

至于你选择后面临的情形，很多时候你是想象不到的。我前面说过，没有人能够正确地预料一生会发生怎样的事，就像我没预料到自己能考进北京大学，没预料到自己会留在北大当老师，没有预料到会被处分，更没有预料到后来做新东方的种种……

所以在人生道路上，我们不知道下一个岔路口会通往什么方向，不知道走多远会遇到一座高山，不知道走多远才会面朝大海、春暖花开，因为意外常常多于计划。很多人说的比较悲观的一句话就是：不知道明天和意外，哪个先来。这个观点从某种程度上是正确的，因为确实没有人能准确预料明天。

2008年5月12日发生的汶川地震夺走了很多人的生命。很多人早上还兴高采烈地上班，谁能预料一场突如其来的地震夺走了那么多人的生命。2020年1月，我们都在准备回家团圆，喜迎春节，准备跟亲戚朋友见面，还有很多人买了去国外度假的机票，结果一场新冠肺炎疫情，把我们都关在家里。所以，就算你把人生规划得再有条理，人生也不一定会沿着你设计的方向往前走。

我们生命中会碰上不同的人：与不同人结婚，可能会过不同的生活；与不同的人合伙，公司的发展可能就会不同。坦率地说，如果不是进北大，如果不是碰上了王强、徐小平这样特别有思想、有见地的大学朋友和同学，我觉得我可能不会有现在这样的成绩和想法，也不会像现在这样奋斗。因此，遇到不同的人，你的人生际遇是完全不同的。

另外，我们还需要记住的一点是：一时不顺，不等于一辈子不顺。就像我跟徐小平、王强，为了新东方的利益争执，熬了整整4年，无数次想把新东方关掉，可后来我就意识到了，阳光总有一天会出现。所以，在不顺的时候，我们要调整心态，相信时间的力量，熬下去、奋斗下去。

与此相对的一点就是：一时的辉煌，不等于一生的辉煌。我们已经看过太多这样的案例了，有太多一时辉煌的人，各种傲娇、炫耀、自以为是，结果到最后人生崩溃。花无百日红，所以要记住，一时的辉煌不等于一世的辉煌。当有了一时的辉煌后，你一定要放低身段、居安思危，让自己辉煌的时间持续得更长更久。

发现选择错了怎么办

那如果选择了，走着走着发现此路不通怎么办？

当发现此路不通，要先做一个判断：此时遇到的不通是临时的，还是长久的？比如我当时想要出国读书，遇到的就是此路不通的情形。我联系到美国那边的大学，也通过了考试，但最后就是没奖学金。我自己没有钱，而且知道想在3~5年内攒够钱到美国去读书是完全不可能的，所以这就是此路不通了。

而走不通之后，我们应该采取什么样的态度呢？其实比较简单，就是放下。比如你追一个女孩子，发现俩人根本就不是一路人，你综合各方面信息判断出来追不到手，可还是死缠烂打，这又是何苦？就像当时我觉得去美国留学这条路走不通，就暂时放弃了，后来发现这是明智的。我当时就想着另辟蹊径，觉得不就是缺钱吗，那等有了足够的钱再出国，是不是会更好呢？于是我开始寻找新的方向，开始到培训机构教书，目的就是挣更多的钱来交学费。这样一个转向开启了我的事业。所以我觉得一条路行不通的时候，你如何选择，是一个态度问题。

还有一点我想提醒大家的是，你在生命中间一定会遇到一些令人厌恶的人，甚至是"垃圾人"。面对这样的人，没法用法律制裁他们，你千万不要跟他们死缠烂打，这样做是对你生命能量的消耗。

比如我讲的一些话，经常被断章取义，于是有些人就跑来骂我，甚至还骂得很恶心。对于这样的人，我根本不理他。因为跟令人厌恶的人和事纠缠太消耗自己的生命，太没有必要了。我们要告诉自己：不要不放过自己，也别不放过别人，该放手时就放手。比如我们犯了错误、做了令人遗憾的事情，或者被人骗了，就各种纠结、各种痛苦、各种难受，最后精神上也常常会受到重大影响。我身边就有不少这样的朋友，互相纠缠了一辈子，让自己陷入这种烂泥坑中，把自己滚得浑身都是泥。

所以人生选择，要看大目标，向着光明的方向往前走，路上有障碍的时候，把障碍搬开；如果搬不开，就想办法绕过去，但是千万不要停留下来，跟它较劲。

即使在迷茫时刻，我们也一定要坚持进步，让自己变成无价之宝。不管你多迷茫，是有工作还是没工作，是有事业还是没事业，是高工资还是低工资，你要做的就是不断让自己进步。对一个人而言，最重要的就是现实的提升和无形能力的提升。钱赚得更多、社会地位更高、名气更大、事业更加稳定，是现实的提升。当然，现实的提升与自己能力的提升是分不开的。如果只是现实的提升，就会有局限性。

举个简单的例子。如果你没有上过大学，那除非你是一位十分具有突破性的企业家，否则你的能力和知识是有天花板的。所以你一定要去学习，读大专、本科，甚至读研究生，让自己在学术上的层次越来越高，这样你应对未来的能力才会越来越强，自己的能力、眼光、智慧、胸怀也都得到提升。

这就像爬山一样，比如你现在要登一座山，难道有雾你就不爬了吗？等到雾散了，再去爬，可能就爬不到山顶了，因为时间不够了。所以，只要脚下还能看到通往山顶的路，没有生命危险，我们就要去爬这座山。就像遇到迷茫一样，难道迷茫了就不上升了吗？当然要上升。所以不管你多迷茫、多痛苦，每天保持进步就可以。当你在迷雾中学会攀登人生这座山，那你爬到山顶的时候，可能刚好云开雾散、无限风光尽收眼底，可以独享最美风景。为什么？因为就你一个人爬到了山顶。

至于我们能做成什么事情，除了努力之外，也要靠一点运气，就是我们常说的"自有天意"。确实有无数人经过了无数辛苦的努力，就像古代的人考状元一样，就是考不上，最后只能没什么功名地终老一生。虽然有时候人生自有天意，我们并不知道天意在哪里，但是没关系，我们可以选择过好每一天，让每一天变成将来的一部分，把每一天都过得很划算，过得很快乐，享受阳光，享受美好的心情。比如阅读书籍得到了进步，跟好朋友在一起进行交流，事业得到了进步。这样的每一天，慢慢就变成了一辈子。所以过好每一天就是过好未来，因为把现在的每一天过好，是未来你能够成功的基础。

此外，选择还需要尊重自己的个性、性格和天赋。我常常说，一个人首先应该了解自己的个性、性格和天赋，这是很重要的。我做出的选择，就是基于对自己的了解。我喜欢热闹，喜欢讲话，喜欢跟朋友一起玩，喜欢看着别人成功。那我的天赋是什么？是我的语言表达能力以及学习能力。沿着这个方向往前走，我到北大当了老师，我觉得这是对的；现在做了新东方，我觉得更对。这些选择符合我的个性、性格、喜好、天赋，再错都不会错到哪里去。探索自己喜欢的事情，你的人生即使没有大成也会有小就——做让自己开心的事情，把自己的事业做向正确的方向。

还有非常重要的一点是，选择要有底线。不管你做什么事情，都要有底线。设置底线很简单，最基本的就是利己不害人，也就是说你做的事情对自己有利，但是不损害别人的利益。就像你创业赚取利润，你的产品是要为社会所用的，不能是假药、假食品、假疫苗……这就是利己不害人。当然，有底线就有高线。相对于底线，高线就是利己又利人。你做的这件事情既对自己有利，又对别人有利。

人这一辈子，如果不能实现崇高的理想，能守住底线，我觉得也很好。

利己，听起来有点世俗，但客观上说，这是我们选择做自己喜欢的事情的前提条件。比如说有人喜欢画画，但是一个新画家，赚不到钱，这也是有问题的，连自己都养活不了。你可以坚持自己的爱好和选择，但前提是能活下去，用自己的爱好和选择赚点钱。除非你的父母能一直养着你，让你把爱好坚持下去。否则的话，作为啃老族，父母也没钱，你还号称自己选择了自己喜欢的事情，这就说不过去了。

此外，你需要认清选择的主要方面和次要方面，要提升自己选择的层次和眼光。

比如现在大家都选择上大学，不管国内还是国外。上大学需要考试，需要拿到毕业证书，但这并不是我们上大学的核心目的。我们上大学最重要的目的，是提升学习能力、拓宽眼界、与人交往、进行社会历练、积累人生经验。找工作、赚钱只是上大学的一个自然的结果体现。我们还要在此期间提升自己的层次、认知水平、智慧水平、判断能力。随着这些能力的不断提高，你能够做成更大的事情。

很多人喜欢找人生咨询师，甚至江湖术士，来给自己指点迷津、指引方向。其实，哪有什么人生咨询师，可能他们自己都是糊涂的，自己都不知道一辈子应该怎么过。所以关于人生的选择到底哪个更好，要看你自己的造化和努力。如果发现自己选择错了，不要陷进去，赶紧跳出来，去寻找别的道路，或者说选择了以后要在一个更高的层次上为自己的选择负责。比如我后来选择做新东方，我可以把它做成一个小企业，自己招几个班，赚点钱就算了，一辈子也就这样了；我也可以往更高的层次发展。既然选择做新东方，我就要把它做得更好，选择更厉害的人来跟我做合伙人，把新东方变成一个集团公司，到美国去上市，等等。

这样一个一个选择累加起来，会不断引领你的选择往更高的层次发展。怎么理解呢？比如王强、徐小平他们从国外回来以后，我们天天在一起开会、喝酒、吃饭、聊天，他们说我最多的一句话就是：你一个农民，北大毕业了，从来没出过国，还天天领导着我们工作，眼光不够，格局也不够……我觉得还挺有意思的。那我能怎么办，其实也很简单，就是不断提升自己。

《庄子》有一句话：朝菌不知晦朔，蟪蛄不知春秋。意思是：朝菌一天都活不了，蟪蛄活不到一年就死了，不知春秋。所以，时间这么珍贵，我们不能让自己在低层次上纠结。

大家还要记住的是，千万不要做超出自己能力和认知范围太多的选择。怀有雄心壮志的人很多，但做白日梦的人也很多，明明自己的能力还够不到目标，要求却很高。我在给新东方的学生做咨询的时候，常常发现有些学生托福连100分都考不到，但目标定的是哈佛、耶鲁这样的大学。我说：这怎么可能，你托福都不过关，还想去哈佛、耶鲁？而他们觉得如果不去哈佛、耶鲁，人生就失败了。我觉得这样定义人生是否失败是完全错误的。做超出自己能力太多、认知范围太多的事情，你的人生可能会遭遇一连串的失败，进而导致你对自己的否定越来越多，自信不断减弱，最后导致人生失败。

我算是一个历史的悲观主义者和人生的乐观主义者，觉得一辈子随着时间过去就过去了。但是，如果你更加积极地去应对，更加积极地去奋斗，去突破自己，那么你的人生会过得更加有意义，更加让自己欣慰，你也会觉得自己在世界上待得更加划算。所以，与其纠结人生是否有意义，不如赋予自己的每一天、每一个月、每一年，甚至人生更好的意义。

人生的意义在于合理地满足我们的追求，一个是物质方面的追求，另一个是精神方面的追求。任何追求，尤其是物质方面的追求，如果过分了，常常带来的是更大的痛苦。比如说有人喜欢攀比，明明自己没有经济实力，还要去用奢侈品，这就会给自己带来很大的压力；明明知道某件事情离自己特别遥远，根本就达不到，还坚持想要做，也会给自己带来痛苦。而更加重要的是，在合理满足我们物质追求的同时，还要满足我们的精神生活。所以我一直认为，我们一生的丰富性来自我们每个阶段的丰富性，每个阶段的丰富性来自我们每一天的丰富性。也就是说，把每一天过好，把自己的选择做对，比追求虚无缥缈的人生意义更加有意义。

当然，这绝不是说我们不应该追求更大的目标。我们当然应该主动勇敢地追求更好的生活。可能这个目标不是一天能够达到的，但是你要有这样的追求，即使最后没有实现，自己也不会后悔。就像一些人选择北漂到了北京，发现生活很艰难，住在地下室，觉得自己好辛苦，但是毕竟这是自己的选择，至少是向好的生活努力，所以也无所遗憾。

大家一定要记住，你的一生如何度过全部取决于你的选择、你的眼光。只有有了更好的眼光，你才会有更好的判断。而更好的眼光，就来自你人生的努力与活跃度。

有原则地做人、做事：我做事与做企业的一些原则

我们做人、做事必须要有的原则

既然要有原则，我们就要知道什么是原则。"原则"的英文是principle，意思是不能变的东西。而确立原则，我们需要有一个标准，给自己一个角色定位。比如说：你作为父亲，应该有什么原则；作为母亲，应该有什么原则；作为老师，应该有什么原则；作为政府官员，应该有什么原则；作为创业者，应该有什么原则。

我觉得这是我们做事情的指导方针，有些指导方针是可以稍微灵活一点的，但是有些指导方针是不能变的。比如说跟朋友打交道，你觉得最高原则是什么？我觉得是诚信，也就是说你不能骗朋友，朋友需要你做的事情，你能做到或者做不到，可以直接跟朋友说。当然，更不能骗朋友的钱，不能骗朋友的信任。这是非常重要的，否则你这辈子也不

会有真正的好朋友。如果你骗朋友，朋友也骗你的话，那对双方都没有好处。

朋友之间，除了诚信之外，我觉得还有一个原则，那就是能够互相帮助。朋友对我们人生的一个重要意义就是能够互相搀扶、互相帮助，有朋友的人生不会那么孤单，而且也比较容易把事情做成。比如说我做新东方时，王强、徐小平，还有我大学的其他朋友和同学，我的中学同学周成刚、李国富，我们在一起互相帮助，才有了现在的新东方。而在你最需要帮助的时候都不帮你的人，你就一定要远离了，因为这样的人是靠不住的。

那跟朋友相处还有第三条原则吗？我觉得还有一条，这也是我在现实生活中发现的，那就是涉及利益时如果不跟朋友讲清楚的话，最后一定会出问题。所以大家在看《中国合伙人》时，会看到三位主人公有激烈的争执，其实我和王强、徐小平在现实中争执得更激烈。为什么开始大家大碗喝酒、大口吃肉，最后却闹得如此厉害？就是因为我们也没有想到后来有这么大的利益纠葛，而又没有讲清楚拆分原则，所以才有了后来几年的折腾。

我在这里说交朋友的几个原则，也是想让大家明白，做任何事情都是有原则的。在此，我给大家分享一些做事情的原则，也许对未来大家的事业发展以及个人成长有一定的好处。

一段非常有意义的话

我朋友在微信群里分享过一段话，这段话主要表达了五个观点。

第一，人生在世，有三不笑：不笑天灾、不笑人祸、不笑疾病。因为笑天灾、笑人祸、笑疾病是很卑劣的。比如中国跟美国的关系比较紧张，美国遇到天灾、人祸时，微信群或者微博中，就有人大骂活该之类的，这就是笑天灾、笑人祸、笑疾病。这种人的人品就很值得商榷。那我们能笑什么？我们可以嘲笑自己、贬低自己，这甚至不失为一种风度，而嘲笑别人、贬低别人在某种意义上是一种卑劣。

第二，立地为人，有三种人不能黑：育人之师不能黑，救人之医不能黑，护国之军不能黑。这也是我们要对老师、医生和军人特别尊重的一个原因。比如在这次疫情中，有的医生以身殉职了，也有的医生被感染，等等。如果没有医生的全力以赴，没有医生的这种献身精神，我们中国的疫情绝对不可能控制得这么快。当然，老师、医生和军人也得自重，比如那些收受贿赂、乱开药方挣钱的黑医生，就是害群之马，就不值得我们去尊重。但总体来说，这三种人都是在为人民服务，都是为人民的福祉和幸福做贡献。我们不能黑他们。

第三，千秋十耻，有三不能饶：误国之臣不能饶，祸军之将不能饶，害民之贼不能饶。也就是说，如果你是一个臣、一个政府官员的话，那么绝对不能做任何误国的事情，一切要以国家的发展、人民的利益为重，而不是以个人私利为重；祸军之将，即把军队带向死亡、带向失败的将领，那也是要命的；害民之贼就是奸臣、奸贼，这样的人对老百姓非常严苛，只追求自己的利益。这三类人在历史上反复出现，很大程度上是因为制度建设或者说监督能力不够。所以，我们国家不断反贪、进行监督是特别重要的，因为这样或许能让一些可能成为误国之臣、害民之贼的人，重新走到正道上。

第四，读圣贤书，有三不能避：为国赴难不能避，为民请命不能避，临危受命不能避。这就是知识分子的重要性，知识分子群体在历史传统上就有一个天生的使命，即为天地立命。所以知识分子要有天生的"先天下之忧而忧，后天下之乐而乐"的情怀。有了这样的情怀以后，不管是执掌权力还是做其他什么事，都能做到为老百姓服务，不危害社会。

而为国为民临危受命，并不是一件容易的事情。但是在中国历史上，我们总能找到这样一些人，为老百姓拼命努力的人。在这次疫情中，我觉得那种号称自己是知识分子，却不断造谣，或者不断发表一些不正确的言论，没有为老百姓的命运和安全着想，没有为政府的努力着想，也没有提供智慧方略的人，就是没有尽到历史对知识分子的要求。

第五，经商创业，有三不能赚：国难之财不能赚，天灾之利不能赚，贫弱之食不能赚。也就是说，发天灾的财肯定是不应该的，专门对贫弱人群下手，去赚他们的钱，肯定也是不应该的。

所以，我们常常说天灾见人心。在这个时候，就要看商人到底是什么状态了。在这一次疫情期间，就有一些发国难财的人，比如说卖假口罩、对于紧急物资随便涨价，等等。当然，政府迅速出手对这些行为做出了惩罚。但对于商人来说，做到三不能赚应该是一种原则。如果作为一个商人、一个创业者，想着去靠国难、天灾、贫弱发财，这是投机取巧、没有底线的。

比如瑞幸咖啡财务造假事件。瑞幸咖啡的出现本来是一件特别好的事情，它符合中国国情，为大家提供"移动的咖啡"，是对星巴克这样的咖啡店的很好的补充。就算一开始业绩不好，慢慢做，把业绩做好了，大家也都能够理解。我相信，从消费者到投资人都有足够的耐心去等待。

但是，它却选择了造假，而且造假 22 亿元，直接导致公司被迫退市。这样不诚恳、不诚实的公司不值得信任，还影响在海外上市的其他中概股，给走出国门的中国企业和创业公司在世界上的形象和消费者心中的印象，带来了很多负面影响。

2012 年，新东方也受到了浑水公司的攻击，当时也说新东方财务造假。但我那时比较从容，因为我知道新东方不可能有这方面的问题，所以非常沉着。后来，美国相关机构对新东方启动了很多调查，调查的结果也是新东方没有问题。

所以，这是做生意的一个原则。如果做生意的时候弄虚作假，或者靠说谎赢得了投资者的信任和注资，一旦戳穿的话，那差不多就是关门倒闭之日了。就像如果新东方真的造假，浑水公司对新东方的攻击证据是实实在在的话，那新东方早就没有了。

诚信就是我们做事情的最高原则。如果你想把公司做大，做到上市，做到全世界消费者都用你公司的产品，那么从一开始就要为自己打好基础，数据等都要是真实的。你的努力大家是能够看得见的，你所说的问题都是可以公之于众的，这样你反而能够把事情做得更长久。

这一段话刚好能够给我们做人、做事做一个注解，这个注解就是做人、做事都要有原则。

我从《原则》里读到的

美国桥水公司创始人瑞·达利欧写过一本书，叫《原则》。这本书我读了两遍，也让新东方的员工读了两遍。虽然他讲的原则是他做公司的原则，但很多原则是可以通用的。比方说我前面讲的诚信原则，就是放之四海而皆准的原则。

他在这本书里，讲了几个非常重要的点。

第一，如果你要做一件事情，有三个问题必须弄清楚：你想要什么？事实是什么？如何行动？我觉得这三个问题问得特别在点子上。我们的人生中，想要什么也是自己要想清楚的。你可以分阶段想清楚，比如：三年内，你想要实现什么目标；五年内，你想要实现什么目标。当然，时间上可以再缩短，比如想清楚今年想要什么，等等。

第二个问题是事实是什么，这个问题也非常重要。因为我们很容易做白日梦，想要的东西是不能实现的。也就是说，我们想要的和事实之间是有差距的。比如说，我想这个星期读20本书，这是做不到的。因为就算我迅速地翻看，也不可能在了解内容的前提下，翻完20本书，要认真地阅读就更不可能了。所以，你想要什么跟事实之间一定要对应。

第三个问题是如何行动。当然，你想要的东西一定要比事实高，比事实低的话不需要付出任何努力就可以获得，这件事情就太轻松了。那么，这里面就有了一个差距问题。打个比方，你想5年之后到哈佛大学去读博士，而现在你可能是一个普通高校的本科生。那从普通高校的本科生到哈佛大学的博士需要些什么条件，你要搞清楚。可能需要10个条件，你通过咨询专家、自己努力，达到了这10个条件，那你就有可能进哈佛大学读博士。通过这种方式，你就知道了接下来要如何行动。

所以这三个问题，对于我们的人生发展和事业发展，都是很重要的，我们要问自己并且去思考答案。当然，你不一定马上就能回答得特别清楚，不过没关系，你可以顺着这个思路不断地去思考。我在做新东方的时候，问过自己想要什么。我想要钱，因为当时我没钱，想挣钱出国读书。那我如何行动呢？我从当时的状态判断，如果我留在北大的话，每个月120元工资，可能永远都攒不够我出国的钱。所以我决定出来当培训机构的老师，这样每个月就可以拿到2000元，这样就算相对有钱，到后来自己独立做培训机构，赚钱就会更加容易。这样，我就付诸行动，从北大辞职出来当培训机构的老师，过了两年又开了新东方。这整个过程就是梦想加现实，再加决心。

先要有梦想，就是弄清楚自己想要什么；然后，认清现实，你现在有什么、没有什么，现实与梦想有多大差距；最后，决定怎么往那个方向走。

对此，达利欧在《原则》中提出了5步流程。这个流程跟我前面讲的其实差不多，只是更加细化，大致可以归纳如下。

首先要做的是明确目标，没有明确目标，你看不到道路，是不能前行的。其次要找出问题，明白通往目标的道路上，问题和障碍在什么地方，找出问题的核心和根源，弄清楚是什么阻挡了你，使你无法做到，又有什么能够帮助你实现目标。之后就是规划方案，最后是执行方案。这就是达利欧提出的5步流程。

我们做事情，都要有这样的步骤，没有这样的步骤是不可能把事情做好的。我现在还保持这样的习惯，提前做好一周计划，还要有周记。一周计划就是确定这一周我最重要的工作是什么，做这些工作需要哪些资源，根据以往的经验确定需要多少时间。我会按照大致规划走，如果某项工作时间不够，我就再想办法挤时间。

其次是做事还要有头脑，而且头脑要极度开放。一个顽固、封闭、不听别人意见、钻牛角尖的人，是绝对做不出大事业的。改革开放40年也是我们思想解放的过程，让我们走向了世界，接纳了不同的思想。我们也把不同的思想用在自己的事业和生活中，变得更加灵活，取得了伟大的成就。改革开放40年，中国发展得这么快，就是在中央政府和国家领导人的正确领导下，老百姓都解放了思想，勤奋努力的结果。

在公司中解放思想、保持开放、迸发活力包含这样几个要素。第一个要素是，我们要认识自己的局限。我们个人也好，公司也好，都要认识到自己的局限在什么地方，因为只有认识到局限，才知道往什么方向开放。第二个要素是，持续吸纳新思想、新观点以及不同的观点和想法。第三个要素是尊重分歧。别人跟你意见不同，并不等于别人错，也许你是对的，也有可能别人是对的。在这个过程中，一定要尊重别人的意见，并且要学会思考，不断地做反思，思考自己的想法到底对不对、依据在什么地方。现实中，我发现很多人坚持自己的想法，始终认为自己是对的，但结果可能并不是这样。这在很大程度上就是他们把别人的想法完全屏蔽了。很多创业者就是这样，只认为自己的想法是对的，坚持自己的想法，最后走向了失败。第四个要素是人才，一个企业一定要有优秀的文化和优秀的人。作为一个创业者，一开始就要明白，公司需要什么样的人。其实，优秀公司需要的人都是一样的，就是有才能的人、会创新的人、有品德的人、有胸怀的人。优秀的人在一起合作，才能够把事情做大。如果每个人都斤斤计较、格局非常小，那在一起把事情做大的可能性是不大的。

跟同事在一起还要注意两点。第一，对属下要有严厉的爱。就是说，不能只想着你好、我好、大家好，明知对方犯了错误或者说得不对，你也不说。或者自己在内心嘀咕，在心里已经诅咒了人家100遍，但是表面上还说人家做得很好。这样做的结果就是大家的分歧越来越大。我能把新东方做出来，其实特别感谢王强、徐小平他们。因为我们是大学的同学和朋友，就算我是董事长、总裁，他们跟我也没有上下级关系，更多的是朋友，甚至可能是我的上级。因为他们在大学的时候都是我的班长或者团支部书记，所以他们对我的批评是非常严厉的，批评我视野窄、思想保守。他们的不断批评改变了我的视野，让我更有国际眼光。如果没有他们对我的批评和改造，我觉得新东方也走不到今天。

第二，促进同事把工作和热情合二为一。一个人光完成自己的工作是远远不够的，还需要有热情。对于工作，你可以喜欢，也可以不喜欢，可以为了钱完成，但是不管怎样，如果想真正做好的话，都是需要注入热情的。所以当发现员工只有工作没有热情，对自己做的事情并不是那么热爱的时候，这个人已经不适合在这个岗位上干了。所以原则上，每一个岗位上都应该是充满工作热情的人。也就是说，他既能干好这份工作，又有热情去做这份工作，这样大家一起发展，我觉得才是最好的状态。

第五个要素是，一个公司一定要有极度的求真精神和透明度。公司文化有两种，一种是真正的透明文化，一种是政治文化。所谓的公司政治文化是指拉帮结派，钩心斗角，跟自己亲近的人就多用，不亲近的人哪怕有才能也用得很少，背后老是说别人的坏话，大家有问题也不当面指出来。

别以为创业公司就没有政治文化，我看过不少创业公司，政治文化特别浓厚。一般来说，这种政治文化型的公司，干好的可能性是不大的，因为它的内部矛盾会越来越明显。

新东方也曾有过这样的情况。以前,我也跟别人有争执,背后互相说坏话。后来,大家发现这件事情使企业文化变得非常糟糕。虽然现在的新东方,七八万人不可能没有一点点政治文化,但我觉得我们做得很好。从我这儿做起,我要求新东方的决策层、总裁办公会、管理干部之间,有话直说,不要在背后议论。

当然,说话的语气和用词你可以选择,但它的前提是求真透明。这样能够让公司文化变得简单。我曾经说过,公司做事分不同方式:简单的事情简单做,这是公司最开始的状态;到后来,复杂的事情复杂做,很多公司就陷进去出不来了。人生有时候也是这样,很多人让自己的人生陷入各种复杂之中,从来没有搞清楚过,其实很多复杂都是自己搞出来的。这有点像作茧自缚,织了一个壳,把自己给卷进去,再也出不来了。那做事的最高境界是什么?就是复杂的事情简单做,而它的最高原则就是求真和透明。也就是说,如果我们都是通透的人,打开天窗说亮话,公司文化就会变得简单,复杂的事情也会变得不那么复杂。

公司还要允许大家试错、犯错。为什么呢?因为一个人敢努力尝试就不免会犯错误。大家可以想一下,如果在一个公司里面,所有的管理层都不敢做决策,也不敢去承担责任,什么事情都推到上面,最后的结果是什么?比如说在新东方,如果前线听到炮火的人不能决策,所有事情都要俞敏洪来决策,那新东方可能就倒闭了。

因为商场瞬息万变,我们不可能不犯错误。但犯错没关系,我们可以改正错误。我们允许犯错,但是不能容忍错误持续存在,知道是错误以后,要迅速改过来。

此外，公司内部一定要求取共识。也就是说，大家有争论没有问题，甚至打架都没问题。但是等争论完、打完，一定要有一个决策机制，要让大家达成一致，确定这件事情应该怎么执行。

可以说，新东方在这方面吸取了很多教训。当初，我跟王强、徐小平、包一凡在一起做新东方的时候，因为大家都是同学，每个人都可以有自己的一套想法，而且都可以对下面的人下指示，完全不需要达成一致意见。到最后，新东方很多员工甚至是管理者，就面临问题了：到底听谁的？你们领导都是好朋友，但说法却是相反的。这次之后，我们还犯了第二个错误。新东方上市以后，有的领导坚持要以营销为主，有的领导坚持要看教学点，有的领导要教学质量，我这个人比较包容，说你们就去试吧。结果，新东方就开始出现问题了。四五年前，在某种意义上，新东方几乎处于濒临崩溃的状态。所以，我最后定了一个原则，大家一起广泛讨论新东方最重要的事情是什么、应该是什么。在这个前提之下，大家一定要达成共识。达成共识以后，任何人都不能违反这个共识，给下面的人下命令也要一致。

比如说，5年前我在新东方规定，必须一切以教学产品和教学质量为重，凡是损害教学产品和教学质量的行为，都是不允许的。任何领导如果说我们的要点不是教学质量、教学产品，而是什么别的，那么可以自动提出离职，因为他的观点跟大家达成的共识已经不一致了。所以总体来说，要允许大家在决策过程中有思想上的分歧，允许有不同的观点，但是一旦形成了决策、达成了共识，在具体执行的时候，大家就必须一齐朝这个共识去努力。

最后，还有很重要的一点就是，要找对做事的人。也就是说，实际上一切事情都不是以事情为主，而是以人为主的。如果找的人不对，事情再对也很难做成。对于一个创业者来说，想要公司往某一个方向发展，必须找志同道合的人，找有能力帮着自己把事情往同一个方向拼命推进的人。否则，你要往东走，他要往西走，就会四分五裂、南辕北辙，那么到最后的结果就是公司分裂，不能很好地发展，会很危险。

在这一点上，我觉得在新东方的发展过程中，尽管我跟王强、徐小平他们在公司的发展管理上有很多分歧，但是我找对人了，因为他们在整体大方向上跟我是一致的，我们都希望新东方发展顺利，都希望新东方为学生提供最好的服务，都希望学生的人生可以因新东方而有所改变。平时出现小分歧、小麻烦也是没有关系的，因为这个时候我们不至于往相反的方向走。

找到正确的做事的人以后，还有两点要注意。第一点是要持续沟通、持续培训、持续成长，这样大家心气才能一致。所以我在新东方有一个习惯，就是时常给全体员工写个邮件，要全体管理者开个视频会议，交流沟通一下。这样做可以互相沟通，让大家从上到下都知道我们到底想干什么，再配合各种培训，在理念上达到一致。新东方经常把管理者拉到国外去培训，也经常进行全体老师的培训，都是为了达到这个效果。

第二点是绩效考核一定要清晰。如果绩效考核不清晰，做出了重大贡献的人拿到的奖励和得到的承认少，跟你亲近的人、有裙带关系的人得到的奖励和好处反而多，那怎么可能让能干的人、能够做对事情的人，跟你共同努力、共同发展？我觉得绝对不是任人唯亲或者裙带关系，就能把事情做好的。能跟你一起把事情做好的，一定是那些能干的人、真正做事的人、跟你心气一致的人，他们也需要获得最大的承认，得到最大的奖励或者鼓励。这是我从达利欧的《原则》中得出的一些感悟。

做新东方背后坚持的几件事

常常有人问我："你在创业最初的时候，是坚持了哪些东西把新东方做出来的？"我后来想了想，大概是坚持了五方面的事情。

第一，因为当时没有什么资源，我就坚持把1~2个项目做到极致。当时，新东方的第一个项目就是托福考试。我觉得凭我的本领，凭我找到的老师，一定能把托福的市场拿下来。所以我全力以赴，从自己备课到对老师的挑选，在托福项目上下了很多功夫。结果一年多的时间，新东方就把托福领域的培训做到了全国第一，而且把竞争对手几乎全部打倒。

紧接着，我就上了第二个项目。因为当时中国很多大学生，除了考托福，还要考GRE，我就打算把GRE培训拿下。我一方面培养GRE的老师，一方面自己亲自备课，就这样把GRE培训又做成了全国第一。通过一两个项目，我就把新东方在这个领域的品牌基础做到了极致，也为新东方后来的快速发展打下坚实基础。现在，新东方的业务发展呈现多元化，除了英语以外，幼儿园、小学生、中学生、读书、出版、出国、咨询各方面的业务都有，而且每一项都做得还算不错，这也是因为有了前期的积累，可以慢慢地多元化发展。我觉得这样的做法是非常必要的，尤其对于创业公司来说，一下子就打开局面了。就像一个人读书，如果连一本书都没有读透过，想一下子读透20本书或者50本书，是完全不可能的。所以，我们一定要先把一本书读透，通过对一本书读透的感悟，再来读第二本书、第三本书，做事业也是一样的道理。

第二，坚持给最重要的人极具竞争力的待遇。初创新东方时，最重要的就是老师。当时新东方还不需要管理者，我一个人管就行了。二三十个老师，我必须给我认可的、学生认可的最优秀的老师极具竞争力的待遇，让他们留在新东方。你想在20世纪90年代初，新东方老师的年薪就有过百万元的，相当于现在千万元以上了。那是什么概念？就是当有人以每小时200元的薪水来挖新东方的老师，我就涨到400元；别人用400元来挖我就涨到800元，绝对不能让任何竞争机构把我手中最优秀、最重要的人才挖走。因为在企业初创的时候，人才就是宝贝，即使现在新东方这么大了，人才依然是宝贝，这种坚持是绝对不能放松的。

第三，在听取建议的前提下，所有事情必须自己决策。在初创期，公司是耗不起的，如果两三个人讨论一个问题，讨论了一天两天都没法决策，表明这个公司要完蛋。因为对于创业公司来说，要分秒必争，如果内部讨论没人能做主形成决策，那这个公司就完了。所以尽管要充分讨论，但讨论之后一定要有一个人决策，然后迅速推进。

这点在新东方发展过程中，也是有教训的。徐小平、王强他们回来跟我一起做新东方时，我在新东方已经干了接近4年，这期间都是我自己决策的。后来新东方遇到的最大的问题就是，王强、徐小平回来以后，我不能再自己决策了，必须跟他们讨论并形成决策，而一讨论就要一个星期。这个过程让我学到了很多东西，但是新东方的决策和发展效率明显下降了。由于不是一开始就一起创业，所以新东方算有一个缓冲。而创业公司在规模还很小的情况下，你必须有决策的主动权，以及迅速决策的能力。

第四，创始人一定要把握住最核心的业务密码。这是什么意思？就是说作为创始人，你的资源就是你的才能，当然你可能拿到融资等，那是另外一回事。如果你不能把握企业最核心的业务命脉，很有可能就被排挤走。比如说你做一家技术公司，自己一点技术也不懂，你公司的技术大拿就可能把你排挤了。

所以在做新东方时，我努力做到每门课我都能上。如果有老师跟我计较、想要抬价、没谈拢离开的话，当天晚上我就能够背着书包走进教室上课。核心的业务命脉就掌握在我手里，使新东方初期能够有一个稳定的发展，这一点也非常重要。

第五，坚持价值观引领业务。当时，我定的企业价值观有两条：第一条是一切以学生的需求为核心，学生的需求是最高指示；第二条是对学生实行无条件退费，任何学生想要退费，就把他没有上过的课的费用退给他。这样一来，大家就发现我们做了一件很好的事情，学生觉得我们在照顾他们的利益，就会更加依赖新东方。在新东方的发展过程中，这两条是任何时候都不能违反的。

在创业过程中，也是坚持了这几条，我才能够把控整个创业过程的发展。

在做新东方的过程中，我个人也有几个坚持的原则。我觉得这也是我能够把新东方带出来的重要保障。

第一个原则就是，你自己挂在嘴边的一定是自己坚信并且愿意付诸行动的。你跟别人讲无私、勤奋，讲宏伟的理想，而自己却自私自利、投机取巧。你说的话连自己都不相信，连自己都不去做，怎么让别人信服？你的状态别人都能看出来，也直接会影响别人的行动。从开始做新东方到现在，我强调的新东方的愿景、使命、价值观，都是我自己坚信并能够付诸行动的东西。这就直接引出了第二个原则，即做事情要以身作则、身体力行。比如说我在新东方反复强调大家要勤奋、要努力，那我自己就要先做到。毫无疑问，我在新东方是最勤奋、最努力的人之一。我在新东方反复强调要好学精进，鼓励大家读书，那我自己也是新东方读书最多的人之一。这种以身作则、身体力行，员工是能看得见的，他们会相信你说的、你做的，也会朝着这个方向努力。

第三个原则是对于突破底线的事情零容忍。所谓的突破底线，我举几个例子。比如说贪污，这是没有任何人能够容忍的，不管是贪污1分钱，还是贪污10万元、100万元，没有大小之分，只要出现贪污这种行为，对企业而言就有重大的杀伤力。再比如说不诚信，总是坑蒙拐骗，这是不能容忍的。新东方特别弘扬平等文化，人与人之间可以互相批判，但是绝对不能出现侮辱他人人格的行为和语言，那完全违背了我从北大学到的文化价值。表明了这个态度以后，所有下属或者朋友都会知道哪些东西是我不能容忍的。

小到守时这种事，也可能会成为底线。在中国企业家中，我最佩服的人之一就是柳传志。他在组织我们一起出去玩的时候，就有一个规矩——不能迟到，迟到一分钟就要罚100元。罚100元是小事，但不允许迟到表明一种态度。柳传志先生真的是对迟到采取零容忍的态度。

有一次，一个大企业家在一起出去玩的时候迟到了5分钟，一车人等了他5分钟。最后，柳总在车里非常严厉地对他进行批评。从此以后的一个星期，再也没有人敢迟到了，这也让我们的整个日程和议程非常完美地进行下去了。

但不是所有人都会把守时作为自己的底线。比方说我这个人比较随意，对迟到个三五分钟一直是比较容忍的。也因为我的随意，新东方的纪律常常不太严密，各种各样性格的人都有。这当然在客观上也有好处，大家可以看到新东方的人出去以后，做公司也好，做事也好，成功的还挺多，这跟新东方对于各种不同性格、不同脾气、不同文化背景的人比较包容是有比较大的关系的。这些我都能容忍，包括骂我的人、贬低我的人。但不能容忍的，我也会明确说出来，这样员工就知道不能越过我的底线了。

第四个原则就是，能够确定规矩的事情，一定要预先定好规矩。这一点我在前文也说过，王强、徐小平他们回来跟我一起做新东方的时候，一起玩、一起做，刚开始也没有把这点弄清楚。结果新东方真的要上市的时候，股权要重新拆分、利益要重新分配，大家打得很厉害。从此以后，我吸取了一个教训，就是未来在新东方，任何事情一定要预先确定好规矩再去做，到后来慢慢延伸到我跟朋友打交道，只要涉及利益关系，有可能出现纠葛，就一定要先说好了才能做。这样一来，很多事情反而简单了，因为预先定好了规矩，先做恶人再做善人，不是一上来就你好、我好、大家好，大家按照定好的规矩去做就不会留下后患。其实我们的人生也好，做事业也好，最怕留下后患。很多公司最后之所以倒闭，并不是因为大家在一起能力不够，而是因为产生了利益纠纷或者感情纠纷没法解决，最后越弄越糟糕，散了拉倒。

所以能够确定规矩的事情，一定要预先确定好规矩，规矩讲得越清楚越好，按照我们中国的说法叫作"先小人后君子"，这是我们要注意的一点。

第五个原则是，宽和待人、严格做事。我觉得我对人还是比较宽厚和善的。在新东方，大家说我还是比较亲近员工的，也很少训斥人，包括做错了事情的员工。但是严格做事这一点还是不能放松的。在做事情上，我需要你做到什么程度、你要做到什么结果、我的考核指标，一定会事先说清楚，让你知道我的标准。所以做人可以宽厚，做事必须严格，我对自己也是这样要求的。平时，我吃饭、睡觉、穿衣服可以随意，这样还节约很多时间，但是学习不能随意。比如看书看5分钟，不想看了，就玩半小时手机，然后又想出去吃饭了，结果一天都没有按照规划走，这是不行的。如果你完全没有自律能力，那把想做的事情做成的可能性非常小。

信、善、勇、让

在我们中国的传统文化中，"礼义仁智信、温良恭俭让"这10个字具有很重要的地位。其中，我认为大家做企业或者做事业，包括做人的时候必须要做到的4个字，是"信、善、勇、让"，即诚信、善良、勇敢、礼让。

第一个是信，对外诚信、对内信任。孔子说过："人而无信，不知其可也。"一个人如果没有信任、没有诚信，什么都做不了。不管是做生意，还是交朋友，第一要素就是诚信，这是原则。因为你一旦破坏了信，被人发现了，大家都不相信你了，你也会失去很多机会。而对内信任指的是，你跟别人打交道，说好了规矩以后大家要互相信任，用人不疑，疑人不用。如果大家都多疑，想让别人做事情又不放心，别人自然不可能全力以赴地帮你。

第二个是善，我觉得这是人的本性。有一种观点认为：聪明是天生的，善良是好人的选择，所以做到善良更难。我认为善良是人品的基础。我觉得善良包含两层意思。第一层意思就是你能关心自己，也能关照别人。关心自己并没有错，做对自己有好处的事也没有问题，但是关键在于，你在做对自己有好处的事情时，是不是也对别人有好处，也关照了别人。比如说一个公司做成了，你自己获得大量利益，而底下的员工什么利益都没有，或者说你通过剥削他人来使自己获得利益，我觉得这是不可能做长久的。善的第二层意思，我觉得就是要做符合人性的事情。也就是说，你做了以后能够得到大家的认同，能够让大家愿意继续跟你把这件事情做下去。此外，善也包括了做对社会进步和发展有用的事情。

当然有的时候，善不是那么容易判定的。恶的事情我们很容易识别，但有的时候一件事情表面上是善的，但最后极有可能带来恶的结果。这也是我们要特别注意的。

第三个是勇，创业、做企业必须要勇敢。所谓的勇敢，第一层意思就是要直面困难、直面失败、直面羞辱。因为你只要想做事情，一定会遇到困难，一定会遇到失败，一定会遇到别人对你有意无意地羞辱。人生就是这样一路走过来的，正所谓"人生不如意事十有八九"。如果你脸皮太薄，遇到点事就不愿意再往下做了，那怎么可能有突破、有结果？

勇的第二层意思是敢于面对现状，然后继续努力。做事情最怕的就是对现状超级不满，恨不得把整个世界给推翻重来。这种心态是绝对做不好事的。而勇则不一样，明明知道不完美，或者明明有了恐惧以后，你还能接受现状，并且在恐惧中继续努力，在不完美中去寻求更加完美的未来，这样才可能有相对完美的结果。

勇的第三层意思是，要有能力面对矛盾和冲突，尤其是同事之间的矛盾和冲突。在新东方的发展过程中，我跟王强、徐小平之间的矛盾和冲突，曾到了不可调和的地步。但最后，大家还是极有耐心地一起不断沟通、交流，甚至也有过争吵，一起面对。虽然这个过程常常是好几个晚上不睡觉，很折磨人，但是结果是好的。所以，人要有勇气面对矛盾、面对冲突，这一点非常重要。

勇的第四层意思是，一旦你想清楚了某件事及其后果，要果断地去处理。我们很多人都存在一个问题，就是很多事情能想清楚，但想清楚以后不敢去行动，因为不想也不敢去承担行动带来的后果，最后将就着一辈子就这样熬过去了。

对我们来说，一辈子短短几十年，过得精彩与否，跟我们是否敢于决断、敢于行动、敢于承担后果是有很大关系的。即便你的决断最后带来的是坏结果，那又怎样？从头开始。也许带来的是好的结果，That's fine（这很好）。其实，做事情最怕的是左右摇摆，来回折腾。而我们很多人的人生之所以不精彩，就是因为想不清楚人生应该怎么过，或者想清楚以后不去付诸行动。这是我对勇的几种理解。

第四个字是让。在利益上、人情上、面子上，让的越多越好。我们经常说，人生其实就是让出来的，所谓的舍得就是先舍再得，大概也就是这个意思。这里说的让利，当然不一定非要百分之百让掉，更不是把自己的命都让出去。命是要保全的，因为只有生命在，一切才会在。你稍微想一下就会明白。比方说，我绝对不可能变成中国最大的富翁，因为在新东方上市的时候，我就已经把新东方70%的股权让给了管理层，上市以后我的股权更是在不断地稀释。现在,我在新东方的股份已经很少了,但是新东方是我的事业。利益多少,不是我百分之百关注的,这样做的好处就是,有许许多多的人待在新东方,跟着我一起努力。所以所谓的让利,说到底受益最多的还是我,因为我还是股份最多的人。

让的另一个体现在人情和面子上。很多人特别在乎人情和面子,如果人情、面子上过不去,再怎么都不行。其实,这些对我们来说没有太大意义。

一些中国人特别在乎人情和面子,甚至人情到位了可以扭曲规矩,面子到位了可以不顾一切。这种做法实际上是不对的。在人情面子上,如果你太计较的话,就不太容易放下身段,那些本来愿意去干的事情就不愿意干了,本来可以得到的机会就有可能得不到了。

所以,中国有句古话说:吃亏是福,退一步海阔天空。如果你想要更加广阔的天地,让一步又怎样?当初韩信不就是让了一步,受胯下之辱,才没有跟人决斗,留住了性命,帮助刘邦打下了汉朝的天下。举这个例子只是想说,在非关键的事情上让一下,让自己少点烦恼,把关注点放在最重要的事情上,没什么不好的。

总而言之,我觉得这四个字对我们做事业是比较重要的。

四个决策、四个不决策

一个人做决策要有依据,没有依据乱决策会出问题。所以我在做新东方时,对自己的要求是四个决策、四个不决策。

四个决策是什么?

第一个决策是站在客户的最高利益去决策，就是说所有的决策必须是对客户有利的，必须是最方便客户的，必须让客户感觉物有所值，甚至超越预期。而如果是对客户利益有损害的，只是对公司有利，那么这样的决策是不能做的。

第二个决策是站在社会的最佳选择来决策，就是我们做的事情能够推动社会进步。比如说最近几年，新东方把大量的资源倾斜给农村和山区的孩子，实际上就是从社会的最佳选择角度来决策的。因为我觉得中国社会未来的发展一定要把农村和山区孩子的教育考虑进去，并且尽可能让他们所接受的教育与城里的孩子相差不太远。这个决策做出来是不会错的，因为它在推动社会的进步。再比如说科技与教育结合，这也是对社会有利的事情，一旦把科技和教育系统打通了，那么对中国教育肯定能够起到积极作用。

第三个决策是站在未来发展的角度来决策，意思就是我们做事情必须要面向未来，仅面向现在、眼前的决策是不能做的。2020年年初，我在新东方开疫情研讨会的时候就讲，现在我们做的任何一个决策、采取的任何一个行动，都必须跟新东方的未来连接起来，也要跟中国社会的长远发展联系起来，这样的决策才可能有持久性。那中国未来到底需要什么？中国未来需要面向全球，面向人类命运共同体，需要我们全体人民有世界格局和世界眼光。站在未来的角度，我就知道新东方的教育内容和教育系统大概应该怎么设计。

第四个决策是站在公司和员工的角度来决策，就是任何决策不能光对公司有好处，也不能光对员工有好处。如果光对员工有好处，把公司给弄倒闭了，那对员工来说也是重大的伤害，所以一定要对两边都有好处。

从这四个角度来决策的话,我觉得公司就能够做得好一点。

作为一个有决策能力的人,或者说作为一个可以影响公司大局发展的人,四个不决策也是特别重要的。

第一个不决策是不局限在个人利益上决策。对公司而言,最怕的就是管理者的所有决策都完全站在他个人利益的角度。对自己有好处的事情就去做,对自己没有好处的事情就不做,这是最糟糕的。好的决策需要对公司未来和个人都有好处。所以,我现在每做一个决策都会问自己,是不是从个人利益的角度决策的,是不是只对自己有好处才这样决策的。

第二个不决策是不因个人面子而决策。如果只是因为会给自己带来某种表面上的声誉和名声而做某个决策,那我觉得这个决策也是不对的。如果有人驳了你的面子,但他提的设想和方法是对的,而你却把他的意见给否决了,那我觉得这种做法也是有重大问题的。作为一个公司的决策者,你绝对不能只顾个人的面子。

第三个不决策是不能根据个人好恶来决策。每个人的喜好都是不一样的。我好吃面,你好吃米饭,我喜欢心情平和的人,你喜欢热情奔放的人,这都有可能。但是这不能作为决策的依据。很多公司的老板之所以身边用的都是跟自己相似的人,最重要的一个原因就是,他们觉得这些人待在身边舒服。如果你用的是这些人,那你的决策就是根据身边人的喜好来决定的,那公司就没法干下去了。所以,再不喜欢的人,如果他提出了好的建议,你依然要用;再喜欢的人,如果他的建议不靠谱,你也不能用。

还是以新东方举例子。我很喜欢人文类的东西,这导致我的很多决策都是偏向人文的。过去几年中，新东方的科技发展严重落后。其实我不反感科技，但是不懂科技，又没有向马云学习，引进大量的科技人才，这直接导致新东方科技水平的落后。我从个人的好恶来决策，给新东方带来了至少5年的发展机遇上的损失。

第四个不决策是不以个人情绪来决策。在有情绪的时候，比如暴躁、愤怒或者沮丧、郁闷的时候，你做出的决策很有可能是错误的。因为此时你对信息的判断可能是不理性、不准确的，那么结果可想而知。

其实，我们的人生也是这样的。如果说人生以个人的利益、面子、喜好、情绪为核心，那么最后一定不可能过上真正美好的人生。

人生在世，会有两个"定"：天定和人定。天定我们管不了，我们能做的就是做好自己、做好人定。具体就是做事情有底线，坚持原则，在各自的范围之内把事情做好，不断反省，有意训练自己，让自己更上一层楼。虽然事业有大有小，我们依然能够每天过得愉快，过得有意义，过得充实。这是我的一些思考，希望大家能够跟我一样，有所收获。

在充满不确定的时代，做确定的自己

我们每一个人都感受到了这个时代的不确定性，不光在中国，在世界其他地方也一样。我们每个人都希望祖国变得更好，都希望自己能发挥更大的力量，能够成为中流砥柱，为这个时代添砖加瓦，这就是我想说的：在充满不确定的时代，做确定的自己。

我们需要关注宏观经济，因为中国的宏观政策、宏观经济形势对经济发展，以及企业家的发展，起着至关重要甚至决定生死存亡的作用。一个政策可能激活一批企业，也可能结束一批企业。就自身感受，我讲四个方面。

第一，现在杠杆作用、4万亿元激发企业活力这样的作用其实已经过去了，再往后国家光加大投资杠杆，不太可能激发中国企业的整体活力。所以现在政府去杠杆虽然痛苦，但这是一个必经之路。很像一个人病了本来应该好好养病，对症下药，但是吃的都是猛药，让人兴奋，让人感到好像没病。现在中国的经济，已经到了十字路口，要治病的话就要经历各种痛苦，要熬过这些痛苦。不光民营经济要熬，政府也要同舟共济一起熬。只要我们活着，保证我们的企业不死，未来就会等到更好的机会。

第二，企业利润越来越少，甚至收入越来越少。现在出口受限制，消费指数也在急剧下降。出口和内需都拉动不了企业发展。前一阶段企业家蒋锡培反复陈述要减税，主要强调在两方面减税，企业的减税和社保基数的下调，他认为这两项如果不减企业没法活下去。我们发现政府的减税政策是有的，但企业方面反而感觉交了更多的钱。2017年政府财政收入增加，而财政收入应该大部分来自企业，这意味着企业以各种各样的方式向国家缴纳的钱更多。政府没钱，企业艰难。这样下去的话可能会出现循环危机：政府和企业没钱，还不起银行的贷款，银行的坏账越来越多，银行不再给企业放贷，企业也不愿意贷款，因为贷完款产品卖不出去，拿了钱不知道怎么花，最后有可能随着各种各样的情况出现，企业倒闭，大量人员失业，房地产泡沫破裂，引起社会动荡。这是大家最担心的，希望不会出现这样的情况。

第三，市场经济缺乏活力。政府通过看得见的手注入几万亿元投资后，企业和社会都已经没有了自我蜕变和造血的能力。现在大量企业出了问题，都不会想办法让自己更有活力、想办法创新、自我生存，而是指望着政府出新的支持政策让企业活起来。这很像我们养孩子，一直给孩子又喂饭又给安排各种各样的服务，长大了突然发现他没有独立生存的能力。企业指望政府的支持，政府也希望帮助企业，我们看到政府出的一系列政策都是希望加强民营经济的活力，解决中国经济的分配问题。但是中国出了一个怪现象：越有问题政府越管，但是越管企业越缺乏自我造血能力。

在教育领域，政府也出台了整顿教育培训机构的文件，恨不得一天之内把教育培训领域的混乱局面掰回来。政府的用心是好的，但实际执行过程一定要给予企业足够的时间，让企业有回旋和调整的机会。

第四，在外部，中美贸易摩擦是中国变成第二大经济体以后，美国霸主地位受到影响必然产生的结果。美国各界对于中国的这一次制裁政策出奇地一致，不管是左派还是右派，不管是民主党还是共和党，都回到了冷战的思维。美国还要倒逼中国跟它搞军事对抗。这毫无疑问对中国来说是一个重大的考验：放弃了，国家没有安全感；不放弃，我们的钱就没法投入到经济中，而要投入到国防中去。这种感觉就是美国的冷战思维把中国又带入了一个旋涡。企业也受到影响，因为贸易摩擦的最后结果是中国的企业，尤其是民营企业受害。而且有些中国的科技企业，在科技研发中的投入十分不足，中国企业在科技方面超越美国还有待时日。

但是中国经济依然会继续发展。我这里有四个词来解释：有人可用、有策可依、有圈可点、有技可发。

第一，中国人是极具企业家精神和创新精神的。改革开放40年，中国人民的创造力只发挥了30%~40%，企业家在做企业的时候并不是无所顾忌地投入，因为他们投入的同时在害怕，害怕政策的不确定性，害怕投入以后的各种变故。所以政府应该创造一个让企业家全情投入的环境。中国人才池很大，近十几年大学扩招以及每年五六十万留学生，这样的人才池还没充分用起来。真把这些人百分之百放心用起来，我觉得中国还有30%~40%的经济增量。人才是最宝贵的东西。

第二，政府手里还有牌，这个牌不是再刺激几万亿元，不是过分监管，而是给出真正保护企业家精神的法规和政策。如何保护企业家？如何保护企业家的创新热情？如何为企业家开道铺路创造方便？这些必须变成政府的核心思维，而且这些思维必须直接涉及观念的改变、思想的改变。中国有一个奇怪的现象，就是最高层领导支持市场经济改革的思想往往是对的，结果下面执行的时候却是反的，或者是走弯路的，这是很奇怪的现象。企业家群里也讨论过休谟的现代文明三原则。休谟是与乾隆同时代的人，这三个原则是：财产的稳定占有，经同意的转让，遵守契约。这意味着什么呢？意味着最重要的事情就是让企业家感到安全，这种安全是对于财产的安全、对于人身的安全、对于企业发展的安全，这是政府必须要做的事情，民间是做不到的。

各级政府应该勒紧裤腰带，先过一段时间苦日子，让企业家先把财富创造出来，就像过去40年，再想办法让企业家更多地贡献给社会。企业家手里没钱了，政府就拿不到钱。企业家不富有、人民不富有，国家怎么可能富有呢？真的应该让政府"小"起来，让更多的政府工作人员下海创业。我发现中国真正能创业成功的人很多是有政府工作经验的人。鼓励政府里有经营头脑的人出来创业，同时还能减少政府行政开支，把钱用在老百姓身上。政府的巨大的体制性财政花费，让老百姓真的有点喘不过气来。

第三，世界已经形成了互相依存的关系，美国怎么折腾，世界都离不开中国，中国也离不开世界。我们要做的是让中国的产品获得世界的认可。而要实现这一点，中国有两大优势：第一是中国的制造业尽管没有赶上德国工业4.0，但现在依然是全世界最大的；第二是中国的市场，不管是外部市场还是内部市场依然是全世界最大的。同时，一定要让世界更加信任中国。取得世界信任交易成本就会下降，中国企业的活路就会多出无数条。

第四，科技会改变世界，我们的科技整体水平是落后的，包括基础科技的研发，但我们的科技应用水平并不落后。不过，我们科技应用水平通常做得不太好，在基础科技方面整体提升投入也不够。未来科技的应用不仅是对国内。我们的科技应用、大部分互联网公司做的都是国内的生意，而且都是做的和人们的物质欲望、交流欲望相关的生意，像阿里巴巴和腾讯这样的大公司，一定要更多地走向世界，创造出真正影响全世界的科技产品来。对中国的科技公司而言，真正升级为世界重要的经济体才是重要的。人工智能等科技的发展极有可能催生出世界级别的产品来。中国有大数据的优势，人工智能是基于大数据的，但是到底能不能干起来就看企业家的高度如何了。如果高度不够，依然只想着满足老百姓的简单需求，那中国科技赶超世界还是遥遥无期。

这四点我认为是中国经济能够继续发展的原因，但是到底能不能做到，要看政府和企业家的共同努力。

关于企业家如何做，我再讲一个故事。

明武宗年间，宁王朱宸濠要造反。王阳明在路上的时候，有人告诉他宁王造反了。他手下说："你等着，等着皇帝下命令，让你去打宁王的时候你再去。"王阳明说："我怎么等得及？如果我等了，宁王造反成功了，我们还活不活了？"他手下告诉他："你现在去，没有得到皇帝的诏书，就算你把他打败了，皇帝也会责罚的。"王阳明说："此心光明，亦复何言。"该为国家干的时候就干，在没有得到皇帝命令的情况下王阳明把宁王打败了，最后果真差一点被皇帝杀掉。后来幸亏有人帮王阳明说了很多好话,他总算活下来了。王阳明的一生就是光明的一生,知行合一,凭着良心来干事情,绝不干违心的事情。在各种利益和顾虑面前,我们企业家能做到吗?

我觉得,政府也要有大格局,要坚持做正确的事情。政府千万不要做得过且过、寅吃卯粮的事情。没有大格局就一定会出大事。企业家要做有情怀的事情,而不是捞一把是一把。现在之所以大量民营企业陷入困境,一方面是国家的宏观政策确实有所影响,但是另外一方面是很多做企业的人干的就是捞一把是一把的事情,哪儿赚钱往哪儿冲,哪儿赚钱快往哪儿冲。大量的人进入房地产行业,赚完钱把房子卖掉,钱放到口袋里就好。如果政府短视,企业家捞钱,怎么可能好起来呢?

此外,还要建立互信机制。互信,是政府和民间互相信任,要做到这一点非常难,但是这里面主导权在政府,不在民间。企业家和员工要互相信任,现在企业家和员工也是不互相信任的,各种劳资关系很紧张。合伙人之间也不互相信任,创业公司因为合伙人打架散伙的事情比比皆是。我现在对投资有一个感觉,最好不要投几个人合伙的,一个创始人的反而容易成功。有三个以上合伙人,搞不清哪天就"打架"了,而且中国合伙人之间"打架"好像是必然现象,不是偶然现象。还有国际社会与中国的互相信任,我觉得中国改革开放有一段时间建立了良好的国际社会和中国的互信机制,但是好像又出现了问题。出现问题我们就要去寻找问题的根源,重建国际社会对中国的信任。从企业做起就是诚信经营;政府方面,要遵守国际规则来布局中国的未来,取得信任是最重要、最核心的。

现在,我们人与人之间的猜忌和防范太厉害,做事情的潜在成本高到了不可估量。教育培训行业是相对比较简单的行业，我的时间至少有1/2用在处理各种各样的潜在成本上。我相信很多企业家都是这个感觉，法规不清，契约精神缺乏，社会道德下降。比如曾经曝出来的高铁上霸占座位的事件（当事人被网友人肉搜索以后我估计他未来的日子也不好过了），当事人就是从小到大没有人教育他什么叫契约精神，什么叫社会道德，什么叫遵纪守法。大家都不守规矩，就会互相争抢，就不可能互相信任。互信机制不解决，道德规范、契约精神、法规问题不解决，潜在成本将会永远存在，我们永远走不上现代化发展的真正轨道，走不上超越世界发展的轨道。

在再出发的路上，我想说三个词：与时俱进、洗心革面、高瞻远瞩。与时俱进就是要和世界发展方向同步，不管是商业思想体系，还是商业运营体系，不要逆世界潮流而动。同时还要与人民对于幸福生活的向往同步，我们做的事情是真正为人民谋福利的事情，这点非常重要。关于洗心革面，有一句话叫作：任何过去让你成功的特质都可能变成让你失败的原因。我现在深深感觉到过去我把新东方做成功的品质，现在正在成为妨碍新东方发展的原因。为什么？因为现代科技的发展和现代社会结构的发展，使得你用过去的方法来对付未来的事情是对付不了的，所以企业家"洗心革面"就变成了重要的话题。所谓的高瞻远瞩，我总结了四点。第一，企业家的眼光要远一点。第二，做事要踩着点，佛教中有一个观点是急事慢做，不要那么匆忙。一个政策出来，大家像疯了一样，再一个政策出来，大家又像被泼了一盆凉水一样，这样是不行的。企业家做事也不要有了一点钱就发疯似的投入，最后发现自己的企业要倒闭。很多创业公司拿到了投资后乱发展，最后把自己整死了。第三，资源要用到点。有些企业拿到了钱以后就开始乱用,后来发现困难来临的时候手头没钱了,资金链断裂,最后企业不得不倒闭清算。第四,也是最重要的一点,是要活得长一点,只要活得长,我们就会有未来。

最后我要说,成功的道路从来都不是笔直的,但是懂得根据地形灵活上升的人一定能够到达生命的顶峰。大家要有信心,这是最关键的,这个信心就是我们一直在向上走。

(本文整理自俞敏洪老师在"亚布力中国企业家论坛2018年夏季高峰会"的发言。)

创新而非创造：经营事业的道与术

企业家需要的创新是什么

我越来越紧迫地感到，需要看的东西必须尽快看，需要做的事情必须尽快做，需要见的人必须尽快见。我现在就是这么做的，看到了我想看的风景，做了我想做的事情。

创新，意味着打破陈规陋习，为自己创造一个新的世界。创新意味着在陈腐的土地上，发出新的种子，生出新的萌芽，开出新的花朵。

我曾经读过一篇微信上推送的文章，是许小年教授在一个论坛上做的演讲，有几句话我觉得很有意思，在这里跟大家分享一下。

在这篇文章中，许小年说：企业家需要创新，而不是发明；需要创造性地组合，而不是从无到有地创造。创新的重点在于创，而不在于新。我们需要明确的是创新并不意味着新潮，而在于创造。创新不在于新，甚至可以很旧。我觉得这句话还是很有意思的，因为我们一谈到创新，想到的就是"无中生有"，或者认为只要不是现在的高科技，就不是创新。好像我们做事业的时候，做商业模式特征分析的时候，不谈到人工智能、区块链、AR（增强现实）、VR（虚拟现实），就显得特落后。

其实，我觉得创新更多来自一种思想意识，不在于发明新的东西，而在于把已有的因素结合起来。把这些因素结合起来并不难，难的是把这些因素结合起来以后，做成一个带动你自己和社会进步的、有意义的事业，并且这个事业可以持续发展下去，我觉得这才是重点。

"创新经济学之父"约瑟夫·熊彼特认为，企业家要做的就是把现有的要素重新组合，创造出新的产品、技术和服务。所以他说，创新不是去拿诺贝尔奖，而是创造性地组合现有的要素。每个人都有自己的要素，你拥有的要素跟我的是不一样的，你的知识结构跟我也是不一样的。在自己不拥有的范围之内去结合，是没有用的，因为你并没有掌控那些东西，所以一定要在自己拥有的范围之内去组合资源，这样才能够取得真正的成功。

其实我在做新东方的时候，反复思考一件事情，我拥有什么资源以及我的资源可以怎么组合。我非常认真地分析了自己的弱点。比如说我的弱点有两个：第一是不懂高科技，我喜欢高科技，但是完全不懂其中的原理；第二，我这个人做事情不善于进行革命性的创新，也就是我喜欢循序渐进地往前走。

所以两三年前，当科技潮流覆盖整个教育领域、所有教育行业的创新公司都在蓬勃发展的时候，我给自己定了个调子，就是我必须在自己能够掌控的范围之内，来推动新东方的发展。哪怕其他人天天说我落后，天天说我老古董，我也不能为了赢得社会上一瞬间的赞叹，去冒我无法掌控的风险，去以新东方的命运为代价。但我定了一个基调，就是继续以线下教育为主，当然这也包含了我自己的判断。这个判断就是我认为老百姓是不可能放弃让老师和学生面对面，促使孩子能够更加专注地学习和全面成长的这样一个机会的。

当然，我不否认在线教育必然是未来的一个重要方向。所以在这种判断之下，我做的第二件事情是把科技组合输入到线下教育中去，跟线下教育形成比较完美的结合。

到今天为止，我还觉得这一判断是对的。原因非常简单，这三年新东方的业务增长量和学生人数增长量在35%左右。在收入已经接近300亿元的情况之下，哪一个企业的业务能达到35%的增长？我觉得还是很厉害的。但其实这三年，外面很多人都在说我落后了、陈旧了。为了证明我不落后、不陈旧，我在2019年4月专门把新东方在线独立出来，带到香港去上市。

虽然新东方在线现在依然很小，但是我深刻地意识到在线教育是中国未来教育的另外一个重要领域，所以我把它和线下教育叫作新东方双平台战略：线下战略继续稳步前进，线上战略必须突飞猛进。为了给在线教育足够的平台和足够的利益诱惑，我们把在线教育推到了香港交易所去上市，推上去的时候市值是100亿港元，现在是200多亿港元。

我认为中国教育领域就是一个海洋，当海洋中有人捞了一船鱼的时候，你不要着急说再也没鱼了。你要考虑的是通过自己的方式寻找其他有鱼的地方，去努力发展。所以我依然认为新东方在线教育会有重大的机会。我只记住一点，在自己的最大能力范围之内，充分地扩大调动范围，不管什么资源，把它组合起来，变成一个可持续的商业模式，这才算是把事情做好。所以，我特别不鼓励各位超越自己的能力范围去忽悠别人。就算你忽悠成功了，但是没有能力操盘，最后的结果依然是一地鸡毛。

许小年也说创新需要三个要素。第一个要素是强大的联想力。联想公司曾经有句广告语：世界失去联想，人类将会怎么样？确实是这样的。人作为企业家的最大的能力是善于把各种要素结合起来，比如把草和天空结合起来，把山和大海结合起来，这是企业家最厉害的能力。企业家永远不可能单一，看到草就觉得草厉害，那一定是因为有蓝天的映衬、有大海的背景，我觉得这就是许小年所说的联想力，我帮他解释一下。

第二个要素是自我表达。什么叫自我表达？比如：我希望这辈子过得不平庸；我希望把我生命中的各种要素组合起来以后，能够开创出一个事业，这个事业既能影响我自己，也能影响世界的发展。这些都是自我表达。

自我表达意味着你要不断地自我进取，因为你可能困惑很久才能顿悟，自我表达也意味着你愿意随时放弃你的沉默成分，愿意用新的能力和新的水平来追求未来，而不是活在过去，或者说沉迷于过去。当然不沉迷于过去，并不意味着你马上放弃传统，咱们中国就曾因为激进地放弃传统留下了很多后遗症。今天在某种意义上，我们还有传统文化的空缺和空白。

有人告诉我说：俞敏洪，你把新东方的线下业务一次性砍掉，新东方就变成了全世界最大的在线教育公司。我确实可以这么做，因为新东方的线下学生有500多万，如此一来，至少能留下三四百万变成新东方在线的学生。新东方确实有可能在一时之内，变成中国最大的在线教育公司。但是，我们不会这么做。

第三个要素是专注。在最熟悉的领域，最有可能得到创新的结果，我觉得这一句话也说得非常对。很多创业者喜欢在自己完全不懂、完全不熟悉的领域创新，最后的结果可能是赶了时髦，失去了在自己最熟悉的领域变革和创新的机会。

我在做新东方的过程中，真的有很多可以做别的领域的机会，包括房地产领域。如果那个时候我去了，可能的结果是可以赚很多钱，但新东方可能不会有上市的机会，更加不可能有现在的发展。所以当时，我最终的判断就是因为我对这个领域不熟悉，所以即使能赚钱我也不进去。那反过来说，对于你熟悉的领域，你必须努力地去熟悉新事物。

就像我，科技领域我是不熟悉的，但是新东方现在的最高决策层——总裁办公会7个人中，已经有4个是计算机系毕业的。我不懂我可以用别人，就像马云反复说自己不懂技术，但是阿里巴巴的技术人员在中国应该算是排在最前面的。所以最厉害的人不仅仅是用自己的能力，也应该用别人的能力。有时候我发现进得有点晚，但是我开始学会了进入，我就觉得这是好事。

何谓真正的大企业家？

所谓的真正的大企业家是什么样的？对此，我有一句总结：在纷繁的表面下去发现问题的真相，并提供解决方案，而不是被利益或者道义牵着鼻子走。如果发现这里有利可图，就赶快冲到这儿，那里有利可图，又赶快冲到那儿，是不可能成为真正的企业家的。因为这样的人没有定心，也没有定法。如果以某种道义来谴责人们本来可以做的好事，那好事就会变成坏事。

我曾看过一篇挺有意思的文章，讲的是基友拉斯船长和乔治教师的故事。19世纪末，爱尔兰有好几年发生了大饥荒，所以爱尔兰人要逃到美国去，但是没有路可走。基友拉斯船长发现了一个很好的机会，向每人收100爱尔兰币，然后把他带到美国去。当时的100爱尔兰币是很贵的，相当于现在收你1万元人民币开船把你带到美国去。但当时的爱尔兰老百姓仍蜂拥而至，这个船长就不断地把人运到美国，因为他们觉得到美国就有了活路。今天很多爱尔兰裔美国人的先人，就是基友拉斯船长运过去的。后来，有一位名叫乔治的教师看了很愤怒，说这位船长是乘人之危，老百姓都快饿死了，他还拿老百姓的钱，为什么不能免费把人送过去？所以，他就写了一封信给爱尔兰的法院，把船长告上了法庭。于是，船长就被抓到了监狱。老百姓得知消息就开始闹，说自己宁可付钱也要去美国，但是监狱不放人出来。据说，船长后来意识到自己犯了罪，就在监狱里自杀了。这个时候教师才发现，他本来是想让人们不交钱，但是却让更多的人饿死在了爱尔兰。这个教师最后觉得自己做了一件坏事，以最高道德的名义做了一件坏事，于是他转身变成船长，收每个人10爱尔兰币，继续用船长留下来的那条船把爱尔兰人送到美国去。这时，老百姓就来问他：当初我们交钱你不让交，现在为什么要收我们的钱？这个教师对他们说：如果我不收10爱尔兰币就没有能力把你们运过去。30年来，他送十几万爱尔兰人到美国去，终于完成了船长的遗愿。

文章的结尾说得很简单，说一个人因为人们的需求而过分贪婪地去收钱，那他肯定不是真正的好生意人。这指的是基友拉斯船长，因为他当时收的钱实在太贵了，你看后来教师收10爱尔兰币，就能把人运过去，而他收了100爱尔兰币，这叫暴利。做暴利生意的人都是不可长久的，而以道义和公正的名义，剥夺人们追求自由、幸福、财富权利的人，会更加糟糕。

所以，如何在道义和利益之间保证创业和生意得以持续，推动社会进步，帮助人们解决困难，其实非常重要。需要你对社会、对自己的良心不断地进行反问和反思。

再回到创业的道和术上。我认为，商业依靠道，但是道并不能帮助商业取得成功，这句话有点绕。我想说的意思是，做商业必须要有道，但是道本身不能帮助你获得成功，就像一个道学先生，天天讲道德，不可能改变社会是一样的道理。

道是方向、是目的，而术就是飞机、高铁和火车。方向有了，我就知道往什么地方开了，就知道应该选择什么样的术。所以在术的层面我也坚持三点。

第一是我做生意的原则，叫作近悦远来，先把能找到的客人服务好，服务好一个客户，便能来两个，两个服务好了，便能来四个……但如果你连自己眼前的客户都没有服务好，就想着去服务远方的客户，是不可能成功的。所以这是我做生意的第一原则，在新东方，先把来的客户服务好，别忙着去发广告、做营销。新东方的现有客户，大家是不是都满意了，先把这块干好再说，这就是我在4年前给新东方下的死命令。所以，新东方是没有营销队伍的。

第二是以终为始。你做这件事情的目的是什么？你想通过这件事情把自己变成什么样的人？把这个目的，即所谓的初心写在笔记本上，每天看一看自己做的事情是不是违背了初心。我现在问自己的问题就是：

你做新东方，坚持下去的目的是什么？答案是帮助更多的孩子成长，除了帮助城里的孩子，还要帮助农村的孩子。所以，我现在 60% 的精力已经用在山区和农村地区的孩子教育上，因为这符合我的最终目的。这样以终为始来推的话，我就能推出面向农村和山区孩子的教育服务，思考新东方怎样能更好地帮助他们，以及可能会产生什么样的商业模式。

第三是急事慢做，当做了一个匆忙的决定有了一个充分的商业机会的时候，你要先想清楚路径，想清楚方法，最后再下手去做。一旦做了，就要迅速推进。如果在做之前不想清楚，做到最后的结果有可能是肉包子打狗，有去无回。你还需要思考的是：哪些东西该推翻？哪些东西该坚持？哪些东西该用创新的方式去做？哪些东西眼前可以作为创新的基础？就像我前面说的，即使最腐败的土壤中间也能开出最美丽的鲜花，但如果做不到，就有可能让自己变成祭品。实际上，我还说过：术而无道，最终一定会失败。因为光知道术而没有方向，最终一定会出问题。但是，有道而无术，事业也会平庸。所以，既要有道又要有术，才能够让自己做得更好。这句话，与大家共勉。

（以上内容为作者在混沌大学海南毕业典礼上的演讲）

创新、创业与社会文明

很多人觉得创新、创业是年轻人的事情，以为年纪大的人就不会创业，或者不会创新了，还有很多人把你用什么电子产品跟你有没有创新能力连在一起。所以，当看到有些人不用智能手机的时候，我们就会产生这些人是"老古董"的感觉：到现在还不用智能手机，他真的是落后了，早就该回去写小说了啊！

对此，我举一个例子。有一位很有名的企业家，大家可能不知道他的名字，但是一定知道他做的生意，比如北京的SKP［北京华联（SKP）百货有限公司］。在北京，一家SKP店，不到20万平方米，一年的营收总额接近150亿元人民币。它跟全世界最优秀的品牌合作，所有管理都是创新化、现代化、智能化的。

这位企业家就是吉小安，连手机都不用。要想见他，必须找他的助理转几个圈。但他找我就特别方便，让助理给我打个电话，说"俞敏洪，晚上过来喝酒"，我就只能屁颠屁颠地去。因为我要不跟他喝酒的话，下次要找他就找不见了，黄怒波也是一样的状态。

我想用这两位我心中优秀的老大哥黄怒波、吉小安的例子告诉大家，一个人的创新不是发明一项技术，也不是做了一件好玩的事情，而是进行了一个布局谋划。面向未来，体、面、线、点结合的综合理解能力，比什么都重要。所以我希望大家，不要把创新挂在嘴上，而是要落实到行动上，落实到你对自己未来事业和人生道路的设计上。

不知道大家是否看过《繁荣与衰退》(Capitalism in America)，它的作者是格林斯潘，当了20年的美联储主席，是对经济大势非常了解的一个人。在这本书里，他讲了美国从殖民地到今天的起起伏伏，讲了美国靠什么推动自身发展，为什么能立国，讲了美国的开创者为何把美国变成了一个以商业为核心的国家，把企业家的地位提到了人类历史上从来没有的高度。他反复强调破坏性创新，这一概念是由熊彼特提出的，这是美国不管遇到多少经济危机，能够一直走到今天的原因。

那我觉得作为有中国特色的社会主义国家，我们最伟大的优点就是学习全世界最优秀的方法、制度、机制和创新。我在抖音上面推荐了这本书，结果不到三天时间里，有六万人点击观看。可见中国老百姓对于创新这件事情、对于中国怎么发展自己的企业这件事情有多么重视。

在书里，格林斯潘主要讲了以下几个要点。第一，一个国家鼓励商业发展并创造发展环境很重要。全世界从来没有像最近200年这样发展这么快，最近200年的发展成果是原来几千年都比不上的。

原因是，科技推动了发展。但大家有没有想过，科技是怎么来的？一个落后的、不变化的社会是不需要科技的。科技是什么？社会进步是怎么来的呢？随着工业的发展，企业发展与科技发展结合会形成强大的动能。这也是美国在建国的时候，要以商业为核心来建立美国的基础的一个重要原因。而以商业为核心最重要的一个原则就是契约精神。这就是为什么美国宪法如此强调契约精神。以商业为核心的另外一个原则就是自由发展。这就是为什么自由市场经济最后变成了美国最核心的要素。

第二，企业家群体是国家发展的有生力量，必须尽力保护。这本书中有一个观点我特别认可：其实很多企业家都不是道德高尚的人，他们为了自己的利益，不惜去伤害别人的利益，但伤害别人利益的行为是可以通过法律法规来防范的。通过不断防范，让企业家自己走在正道上，为自己创造利益的同时，为社会创造财富。不能因为这些企业家是一群贪婪的人，就去打倒他们，进而想着消灭他们的贪婪。这样会使整个社会陷入贫困，因为每个人都是劳动力，企业家把所有要素结合起来创造生产力的能力，是其他人比不了的。

企业家选择这条道路，也是内心对自己赋予的意义和基础。可以说，企业家是在为自己的明天奋斗，但同时也在推动着国家和民族的发展。我也希望每位企业家在做事业的时候，能把社会责任和其他人的利益放在个人利益前面来考虑。

第三，有破坏性创造的环境和制度。破坏性创造的重点是创造。但制度和社会都倾向于保护已有和不变的成分，而破坏性创造让一批新人起来，往往要以牺牲老的一批为代价。比如说农业机械化让无数农民失业，当时美国就讨论要不要禁止农业机械化在美国的流行；福特采用汽车自动生产线以后，很多工人会失业，要不要对工人采取保护措施，重新回到手工年代，需要国家政府做出决策。破坏性创新的过程是痛苦的，但结果是良好的。尽管当时工业发展、生产线发展导致很多美国人失业，但也促使大量美国大学的兴起，因为大学要重新培养人才，以适应新的时代、新的技能的需求。所以,中国有一件事情做得特别了不起,就是在十几年前开始大学扩招。尽管整体上对中国的大学教学质量有影响,但是中国大学生的数量比原来增加了几十倍,这也让现在的企业基本上都能招到大学生。

格林斯潘还提到,社会需要流动性和机会。他举了一个简单的例子,美国现在的流动性已经有点固化了,进而导致社会活力的下降。以前,美国人一辈子要搬5~6个地方;而现在,大部分美国人一辈子就待在一个地方。我们中国现在还有流动性,这种流动性更多体现在农民工和白领阶层身上。但这种流动性也受到一定限制,比如想留在北京、上海就不容易,因为很难得到户口,以后孩子的上学问题解决不了,就只能搬到别的地方去。但留在杭州这样的城市,还相对比较容易。如果哪一天杭州这样的城市的流动性也下降了,那么中国就进入了人才缓慢流动时代,这是我们需要考虑的问题。这时就需要政府在不过多干预的前提下提供帮助。因为经济的变化、人与人之间的需求关系以及发展关系更多是没法预测的,所以只能自由匹配。如果纯粹自由匹配,有可能会导致经济危机。但是如果国家过分干预的话,会导致经济活力丧失。在某种意义上,民间自己能够解决的问题,如果国家出面解决,也会弱化民间自身解决问题的能力。

举个简单例子。现在很多问题,老百姓应该自己解决,但是由于我们的组织体系一直下到了村一级,所以村庄里出点事情,老百姓就找政府去解决,那么政府的公务员就会越来越多。当大学生都想变成政府官员,公务员越来越多时,这个社会是潜伏着一定危险性的,因为公务员是维护社会稳定的,不创造社会发展契机。在某种意义上,中国的大量公务员应该是下海的，就像1992年的时候，有一大批公务员下海，包括冯仑、黄怒波，他们在原来单位的级别都很高。这些人下海创造了一个个奇迹。所以在现实中，我们要保持民间力量的活力。我觉得今天，我们更要激励民间力量的产生。因为未来中国的长期发展，要依靠政府在有序管理下调动民间力量。

此外，过度的社会福利会使社会失去活力，陷入困境。现在虽然五险一金在普及，但是我们还没有到过度福利的阶段。格林斯潘举了美国的例子。美国人现在创造活力的失去，就是因为失业的人、没有工作的人都能拿到很好的福利。既然不努力也能拿到这么多钱，干脆就不努力了。这样的话，自觉努力、拼命的人就会变成少数人。一个社会不是靠少数人拼命就能够发展的，而是靠全体老百姓的活力。中国改革开放40年又为什么会成功？很重要的一点就是激发了老百姓的活力。中国每一个老百姓都盼望能够有更多的财富，过上更好的生活。尽管听起来好像有点俗，但它确实能推动中国的发展。

如果没有创新和创业会怎样？

大家可以想想，如果中国没有秦国的大一统会怎样？如果儒家思想没有占主流地位，而只是思想之一，中国会怎么样？当然，历史是不能假设的。春秋战国时期，百家争鸣，是思想快速发展的时期。儒家思想也不是从一开始就占主流的。后来，才有了"罢黜百家，独尊儒术"这样一个局面。

儒家思想让中国人民的思想大一统了，这个纽带不仅变成了一个民族的思想，而且变成了一个民族精英分子的上升通道。不习读儒家经典，就不可能走上仕途，这种情况一直持续到清朝末年。如果那时在中华民族的统一文化底色上，允许多元化的思想出现的话，那么也许不仅仅会出李白、杜甫、苏东坡这样的诗人，也不仅仅出朱熹、王阳明这些只对儒家经典进行进一步阐释的人，可能还会出伟大的哲学家、思想家，甚至世界最伟大的哲学思想可能就出在中国。但现实是整个封建朝代，更多的是文人。

那么同样假设，如果中国历史上对于商业能够更加尊重，会怎样？春秋战国时期齐国是最繁荣的，因为从姜太公开始统治者对商业比较尊重，宋朝的繁荣也来自对商业的尊重，明朝后半期的繁荣也是如此。改革开放40年的成果，很重要的一部分也来自商业的繁荣。但把所有这些商业繁荣的时间加起来，在中国可能都没有超过300年，但是中国的历史是5000年，商业繁荣的时段非常短。

正是由于对商业和企业以及商业和企业后面的人群进行鼓励，我们才取得了改革开放40年的成就，但那个时候的突破是非常难的。小岗村的农民为了包产到户要写血书；年广久炒瓜子，雇用到了快100个人的时候，就直接汇报到了邓小平那里，因为根据当时的限定，当时雇用到9个人就算是资本主义。当时邓小平高瞻远瞩地说了一句话，让他干下去试试。

紧接着，邓小平提出让一部分人先富起来。那谁能最先富起来？是做生意的人、做企业的人。这些人可能包括中国最聪明的人，也可能包括投机取巧的人。但就是这样的宽容，使得中国今天有了任正非、柳传志、马云、马化腾等这样的企业家。创新创业不是口号，而是实践，是实实在在地鼓励人民的创造力，是提升人民的生产力。

如果创新创业变成一句口号，实际上的政策或者行为是反创新创业的，那创新创业是起不来的。也只有实实在在地支持，实实在在地从政策上、法律上保护，才能够真正做好创新创业。

著名经济学家科斯写了一本名叫《变革中国》的书，让我感受很深。他有一个比喻说，中国的企业发展其实不是政府鼓励出来的，而是政府给了一个自由的空间，因为政府也不知道具体怎么样让企业发展。这样一来，人民就有了活力。科斯说很像一块水泥地上长出了一些草，这些草慢慢地把水泥地给拱破了，草中间慢慢长出树了，最后中国的优秀企业就起来了。

很简单，环境宽松了，政府不大包大揽了，最后就会遍地鲜花盛开。如果说中国的经济能做到这一点，我觉得凭着中国人民的勤奋，一定能够国富民强，引领世界经济潮流、科技潮流，甚至引领世界的文明潮流。当然我们不要自大，因为我们还需要做很多事情才能做到这点。

关于创新的思考，我觉得不能为了创新而创新，为了高大上而高大上。有的人觉得自己做了一件很厉害的事情，但是背后根本没有商业模式，根本就没有一个对于未来发展的缜密思考。当今社会不乏创业者，有些人看到大数据就开始做大数据的生意，看到云计算就开始做云计算的生意，看到人工智能就开始做人工智能的生意。区块链火的时候，很多人找我说的最多的就是区块链，因为我算是投资者之一。这些人一见面就说，俞老师，如果你不投我这个区块链项目会后悔一辈子。我觉得不要跟风走，要弄明白自己心里到底要干什么。

创新的本质是确定问题的核心，并用新方法去解决，因为问题总是在那儿。当然，老百姓的需求也会被诱导出来，比如说在智能手机出现之前，没有人发现自己有用智能手机的需求。这种能够把老百姓的潜在需求发掘出来的创新，是很伟大的创新，微信就是被发掘出来的。

实际上，微信的出现是必然的。因为在没有微信的时候，我们使用移动通信的成本是很高的。当时发一条短信就是一毛钱，从国外发短信好像是好几元。我记得有一篇报道是从国外用短信传了一幅彩照，结果花费是2000元人民币。而今天我们用微信传照片，基本上不用花钱。

所以很简单，创业首先要解决的就是现实存在的问题。比如新东方做的就是解决现实存在的问题。老百姓想要孩子得高分，想要孩子喜欢学习，想要孩子健康成长，这件事情永远有需求。这就是存在的不变的需求，而我要做的不是去发明另外一种不需要成长的教育，而是如何能够更好地服务于孩子们的成长，这就是我的主题。

另外一个存在创新可能的情况是你搞不清这个需求在不在，但是你的方法直指人性。每个国家的人性都不一样。针对不同的民族风格、不同的民族需求，用不同的方法解决，这也是我们创造新的商业模式的一个机会。

有些创业者，确定的需求还不明确就开始创造一个商业模式。有时候这个需求是小范围的，过一段时间，随着科技的发展、社会的进步就没了，拼命投入那么多钱去创业就等于打了水漂。如果投入、介入就能解决的问题，也是行不通的。因此，创业应该去解决长久无法解决的问题，就是你进入也解决不了，但你进入至少使这个问题的解决往前推了一步。

为什么很多伟大的企业都留很强的对手？原因很简单，就是为了促使自己充满活力,保持进化。

而所谓的新方法是把两者或者更多本来不相干的领域关联起来,拿出新的解决方案,可以是颠覆性的,也可以是渐进性的。

但这并不意味着只有颠覆性的才是好方法,尽管我前面讲到美国的破坏性创新。我认为教育领域的方法一定是渐进性的,至少在一定程度上是对的,因为科技的发展并不能把面对面教育彻底消灭,只能够部分地代替。所以我在新东方做决策时就坚持面对面业务。但在保持面对面业务发展的同时,也用科技促使其发展更加高效。既然在线教育会是未来教育的一部分,那我把在线教育拿出来变成一个平台来做,于是我把新东方在线拿到香港去上市,新东方线下教育也一直保持增长态势。原因很简单,作为家长,我认为孩子和老师面对面交流,不光能促使孩子学习更加专注,成绩提升得更快,而且还能使孩子的人品、人格和身心健康变得更好。只要给孩子提供快乐积极、有教学方法又热爱孩子的老师就可以。这个老师起到的作用甚至可以跟父母相同,就这么简单。

在创业模式上,很多人会选择商业上的创新,但如果在模式上走不通,那就是忽悠了。有的时候有需求,但没有模式,那么就要先去找模式,比如说教育领域中的1对1在线模式就是有需求的,因为老百姓需要1对1的培训。但是,如果你的商业模式的获客成本、老师工资以及其他运营花费较高,永远会是你收了一元钱,花费两元钱。投资者可以暂时支持你一时,一年、两年、三年可以,但永久支持是不可能的,因为没有人会支持一个望不到头的亏本生意。所有的商业只有两个词,收入和利润。光有收入没有利润,不叫商业;光有利润没有收入,这是从来没有发生过的事。

创新和传统的关系，在很多领域都在经历颠覆、反思、融合。大家可以想一下，很多书店不赚钱，但书店数量还是在增长，因为人们逛书店不仅仅是为了买书，还要感受书店的文化氛围。所以，书店必须变成一个有文化氛围的地方。如果还是像原来一样，只是摆摆书、卖卖书，别的什么都没有，书店是绝对生存不下去的。但是当你打造了文化环境、休闲环境、交流环境的时候，书店就容易做出来了，比如诚品书店、日本的茑屋书店，高晓松做的晓松、晓岛书店。

我发现新东方一个小小的书店里放了十几个沙发椅的时候，销量就开始增加。因为大家到沙发上休息的时候，没事就到书架上拿本书看看，看着看着觉得还不错，就买回去了。而且书店同时卖咖啡，这项收入比卖书还要多，这就是新型商业模式。大家可以看到，这并没有颠覆原来的模式。人类的需求绝对不是单纯某一种东西能够满足的，所以人们反思之后，就开始融合，把咖啡店、商店、拍卖、书店和办公连在一起，这样一个模式就形成了。我到日本随便问那些坐在这些店里对着电脑工作的人，全是在那个写字楼上班的人，他们不愿意坐在公司里，更愿意到这些地方边喝咖啡边办公。所以我现在对新东方总部的办公楼进行改造，要改造成内部书店的模式。摆放那种员工可以随便移动的椅子，绝对不再放那种固定的很死气沉沉的办公桌椅。这些区域全有书架，办公累了，就可以把电脑一关拿本书看。我跟新东方的员工规定，办公时间看书没关系，尽管看，因为我觉得一个人看的书越多越厉害，这样新东方也就越厉害。人是为技术创新应用赋予意义的，而不是去追求表面的创新，我们要越过表面的形式去看背后的本质。

就像我们从步行到骑马，再到乘坐高铁、飞机，不变的是旅行的诉求，我们只是用了不同的方法解决；从书信到电话，再到视频、微信，不变的是交流的诉求，变了的是它的技术和媒介；从面授到函授，再到在线、智能学习，不变的是学习的诉求，什么方法能让学生的学习高效，就用什么方法。

我折腾了半天，发现面对面教育是最高效的学习方式，所以新东方面对面教育要同步发展。这几年，很多科技创业者认为技术就等于教育，这肯定是不对的。技术不等于教育，它只是帮助教育解决问题的。因此，我们首先要明白教育的问题在哪里，把这个问题弄清楚了，再来看技术的走向问题，就不至于出现太大偏差了。所以在教育领域，大量的在线教育只不过解决了学生对着电脑在家里上课的问题，当然也解决了一部分问题，比如说偏远地区的孩子没有办法获得优质教育资源，通过互联网、电视、电脑，还有手机终端这样的载体，他们就能听到优秀老师上课了。但这并不能解决全部问题。现在很多城市的家长又让孩子重新走进线下课堂，因为在过去1~2年中，家长突然发现孩子的学习效果不如在线下课堂那么显著。

所以技术创新，模式最重要。有一个成功的模式，再把技术保障和人才保障做到位，你的发展会越来越成功。

把握自己的命运，要有前提条件

对我们来说，今天的社会是一个通透的社会，今天社会发生的任何事情，我们分秒就会知道。那么，我们就不能满足于只做社会洪流中的一滴水，一定要去思考洪流的方向。

我们要加入的洪流，必须是能把我们带向更远大前途的洪流。亚当·斯密曾说，一个国家从最低级的野蛮状态发展成最繁荣的国家，所需要的仅仅是和平、低税率和公平的法治。当然，这三项不一定够，但是意思是政府做政府该做的事情，剩下的让老百姓自己解决，当然，亚当·斯密主张自由经济，凯恩斯主张国家干预，我觉得对于中国的现状，政府的功能确实是必不可少的，但是老百姓的活力要保留。

说到这儿，我想到一个人，利兰·斯坦福，他是一个乐观主义者，认为治理是有基础的，人类发展要依靠理性、科技、人文主义和进步这4个元素。不管是国家，还是企业，缺少了其中的元素可能都会出现问题。如果同时拥有这4个元素，那么不管遇到什么风浪，这个国家都是能持续进步和发展的。哪怕只有其中一个，这个国家也是不断向更好的局面发展的。

那我们中国从公司治理到社会发展，有没有真正走向理性、发展科技、蓬勃人文精神、走向进步时代呢？答案当然是有，尤其是科技。改革开放40年中，至少有20年的历程，我们是和世界科技融合在一起发展的。

商业文明对人类的重要性，伟大的思想家，无论是哈耶克、亚当·斯密，还是杜兰特，都已经给我们做出了阐释。我想这些人大家应该很熟悉，如果这些人的书你们都没读过，就别创业了。虽然读过他们的书也不一定能创业成功，但你会对世界发展、经济发展和人类命运发展走向做比较宏观的思考，会更加知道你所从事的创业到底在人类的命运共同体中承担了什么样的责任和意义。

格林斯潘的那本书里总结道，事实一再证明，世界现代文明史是商业文明引导的，熊彼特甚至称近现代史是企业家创造的文明进步，最终依靠建设、妥善、宽容、自由和守护来实现，这些都是商业的核心精神。

陈春花说过一句话，沿着旧地图，一定找不到新大陆。那么我们沿着旧思想，也是找不到新的发展方向的。中国现在已经取得了巨大的进步，我们还需要更大的进步，尤其是思想和理念的进步。

其实一个国家真正的强大是教育的强大、文化的强大，以及品牌的强大。就像一个包在欧洲设计，在中国生产，生产成本只有几千元，甚至只有几百元，但售价却是几万元到几十万元不等。这几万元到几十万元的价值是怎么来的？不是因为这些包是手工做的，也不是因为制作它的材料好，而是因为它的品牌。所以未来几十年，中国一定要进入品牌发展的时代。

现在中国面临的问题是，如何鼓励聪明的孩子们走向科技研究，而这是基础科学还没有解决的问题。网上还有一种言论，说国有企业太强大了，这样的话民间经济就会没有灵活性，而且有时国有企业的发展会引发寻租和制度性腐败。这种看法尽管有偏见，但是也有一定道理。我个人认为，国有企业可以解决中国的战略性问题，但是那些能够开放给民间企业做的事情，一定要开放给民间企业。

一个人一辈子做不了太多事情，能够在一个领域升格、不断进步就不错了。一心一意在教育领域做事情，我挺骄傲的。此外，我们还要了解自己做的这件事和生命之间的关系，就是为什么要做这件事？为什么要进入这个领域？它跟我们的生命有什么关系？跟我们的价值观有什么关系？不能因为这个领域能赚钱，就冲进去。这样的创业者比较多，这就是为什么会形成所谓的风口。我没有在国外的教科书和创业书中看过风口这个词，甚至从来都没听说过。长久的创业不是靠风口，而是要有能力把各种要素结合起来，跟上时代、超越时代、引领时代。

这是我对自己提出来的要求，要避免错过真正的机会。但是请记住了，真正的机会并不是追风，你去追风的时候，其实机会已经错过了，应该预先料到机会的存在，哪怕最古老的业务，你也可以用创新的方法做出来，不被时代抛弃。

其实，创业跟年龄大小并没有关系，比如任正非和褚时健。尤其是褚老，那么大年龄还能把褚橙给做出来。那我们应该做什么？应该具备什么能力？我觉得第一，要知道自己在做什么，什么时候做；第二，要知道什么才是正确的事情和正确的态度；第三，对于自己从事的事情、事业，要有洞察力；第四，对于点、面、线的走向有一定的把控；第五，找志同道合的人挣干净的钱，做有功德的事。另外要记住，遇到不公平，觉得没有人对你好，愤怒、发火都是没用的，是解决不了问题的，而能解决问题的，只有你自己。

（以上内容为作者在2020中国创业者峰会上的演讲）

3

在成长的道路上，我们需要做什么？

让孩子 10 岁前养成受益一生的好习惯

2020 年，突如其来的新冠疫情打乱了我们的计划。疫情期间，大家都待在家里，不能出门。很多家长面对这种情况不免手忙脚乱。对于这个问题，我也提几点建议。

第一，利用和孩子相处的时间，和孩子一起充分探讨生命的意义、亲情的意义、人与人之间关系的意义，让孩子更加理解生命的珍贵。家长可能会问：这要怎么探讨呢？其实很简单，可以跟孩子分享有关生命的故事，讲一下自己的成长历程。孩子平时可能忙着做功课，没时间听这些。所以，家长一定要充分利用和孩子在一起的时间，不要天天坐在那儿看电视，也不要玩手机，一定要和孩子坐在一起聊天，充分进行交流沟通，增加亲情。

第二，和孩子一起阅读，最好是和孩子共同读一本书，一起来探讨书中的内容。历史、哲学、文学、小说，不管什么书都行。当然，如果找到一些探讨生命的书、有关生老病死的书，一起读、一起探讨，也会别具意义。但如果你们的阅读习惯不同，也可以阅读不同的书，你读你的，孩子读孩子的，可以跟孩子约定三天以后，讲一讲书中的内容，谈一谈各自的体会。如果你只是刷手机，和孩子没有什么交流，那这种家庭氛围会比较糟糕，也意味着你不会利用时间来跟孩子进行充分的交流。这一点在疫情期间显得尤其重要。

第三，陪孩子玩、一起运动，不管孩子大小。在家里待久了，尤其是疫情期间，无聊感、空虚感和压力感也会越来越大。而当疫情进入新常态后，一家人在一起，对家庭建设至关重要。全家人在一起玩就是减压最好的方式。比如说全家一起做网上流行的游戏，一起扮演各种角色，一起唱唱卡拉OK，这些都很好，是全家释放压力的一个机会，而且还能进行非常好的合作。

第四，给孩子留点独处的时间。这一点也很重要。孩子在房间，有些家长每三两分钟就想去看一下，对孩子特别不放心。这不是好现象。不管孩子多大，一定要让孩子有独处的时间。在这个时间，孩子可以跟同学玩，可以做自己的事情，只要不是整天都在玩就行。孩子独处是一种心理释放。希望孩子在自己身边，是父母的天然倾向。但父母一天到晚在孩子面前，孩子心理上的压力比父母要大很多。所以给孩子一个独处的时间，让他自己在房间里面，不管做什么，聊天、看书、做游戏、上网都可以，这很重要。

可以给孩子选一些网课。疫情期间，网课的学习能够让孩子在学习上不至于耽误太多，进而让孩子在开学以后能够跟上，这很重要。但是家长们也要记住了，选择网课一定不是把孩子的时间全部充满了。十几个小时都在上网课，一是对孩子的视力不好，二是会让孩子感觉到很枯燥、很无聊，孩子也没有这么强大的注意力。所以，网课一天选择两三个小时就可以了。包括新东方在内的很多机构都开设有网课，大家有各种选择。

如何成为更好的家长

父母给孩子的最重要的东西到底是什么？我认为有五项。

第一项，我把它叫爱，但不是溺爱。父母对孩子的爱是不用说的，尤其现在大部分都是独生子女家庭，孩子都是捧在手心里的宝贝。但是如果掌握不好度的话，我们可能不知不觉地就把孩子变成我们的宠物，宠得没有限度，甚至不关心孩子的行为会对未来造成什么样的伤害。比如说有些家长对孩子，从小就不要求他们干任何活，不要求他们对自己的行为负责，做错了事情也不要求孩子道歉，在成长过程中不给孩子立规矩……这样的话，表面上你特别爱孩子，但实际上已经变成宠爱、溺爱，这样很容易把孩子给惯坏了。一个孩子成长最关键的时期，实际上是3~10岁。所谓的"三岁看大，七岁看老"，大概就是这个意思。如果在孩子3~10岁时没有培养良好的生活习惯、良好的个性习惯、良好的遵守各种规矩的习惯，长大再培养就非常难了。孩子小的时候，我们对他放纵，等到他长大，一定会对你进行"报复"。所谓的"报复"不是说他要来打你，而是说他会没有出息，行为不端，在生活中没有规矩，也没有任何奋斗精神。从某种意义上说，这就是他对你之前的宠爱的一种"报复"。所以，我们对孩子要爱而不是溺爱。

第二，要让孩子学会规矩和自我控制。我刚才讲过了，对于孩子来说，守规矩、有自我控制能力是非常重要的。那怎么培养这两点呢？比如说在孩子的成长过程中，该他干的事情，你千万不能代替他干。我有一个朋友，从孩子小的时候就要求他在玩完玩具以后，必须把它们放归原位，不能扔在地上就走，如果扔在地上就走了，那就不允许孩子吃晚饭了；吃饭的时候，要求孩子必须把饭碗里的饭全部吃完，不允许剩；吃完饭以后，还要孩子到厨房把自己的碗洗干净……这些表面看上去很小、很简单的规矩，可以让孩子养成良好的生活习惯，让孩子具备自己安排生活的能力。否则孩子长大了，不知道什么该做、什么不该做，那样的孩子你觉得能够成功吗？结果显而易见。

第三，培养孩子对社会和世界的正确看法，不能光让孩子去跟别人比成绩。家长常常犯的一个特别重大的错误，就是只盯着孩子的学习，孩子成绩好就一切都好。孩子是不是在学校里和同学打成一片、受同学欢迎，是不是有帮助其他同学的良好习惯，是不是胸怀广阔，这些很多家长都不在意。只在意成绩，只在意孩子在班里的名次、不在意孩子的人品，不在意孩子在社会上的生存能力，这些都是家长常常犯的错误。那什么是对社会、对世界的正确看法呢？这个世界不像一些人心中想的那么坏，当然也有很多地方不一定是光明的，但是整体来说，我们要在这个世界上生存，首先要学会接纳这个世界上所有的人、所有的事情。在这个过程中，我们要通过自己的善良，让社会更好地接纳我们；通过自己明辨是非的能力，远离是非之地，让自己的生存空间变得更加美好。这是我们要给孩子灌输的一些理念。大家可能经常会在我的一些演讲中听到我对孩子说，你的善良、你的真诚、你的乐于助人，这些能力都是未来很重要的生存之道，不能只看重成绩。但这绝不是说成绩不重要，我们也要适当培养孩子的竞争心理。如果孩子成绩不好的话，对孩子适当地提出一点要求，帮助他把成绩提高，让他养成良好的学习习惯，这当然是很重要的。但是我们不能因为成绩，就不去关心孩子的人品或者在未来社会中的成长了。

第四，要平等地对待孩子，成为孩子的知心朋友。这个平等并不是说父母没有威望。一个家庭中，如果夫妻两个人在孩子那里都没有威望，都宠孩子的话，这个孩子有可能会被宠坏。如果说一个宠，一个有威望，并且能把孩子管住，那还好一点。如果两个人都跟孩子既能亲近，又有威望，我觉得这就是特别好的父母。可能有些家长会问：我既然有威望了，那还能亲近吗？为什么不能呢？我们可以在不同的场合表现出不同的态度。比如说去玩的时候、去旅游的时候，跟孩子打成一片；晚上散步，跟孩子像朋友一样聊天。但是作为父母，在需要体现威望的时候，比如要求他们遵守一些规矩、要求他们做一些事情的时候，他们也能够非常快地理解我们的意思，并且愿意去做。这二者实际上是不矛盾的。

那我说的平等对待，成为知心朋友是什么意思呢？如果你一直以势压人，觉得自己是家长，自己说什么孩子就该做什么，任何事情都不问原因，只要你自己心里觉得不对，或者不舒服，就让他停止，不让他做了，那么孩子就会把你屏蔽掉，不光是在身体上屏蔽掉，还会在心理上、思想上屏蔽掉。那么到最后，你就不可能知道孩子心里在想什么、他到底在做什么，因为他什么都不告诉你。这样，你怎么能够管好孩子呢？所以最理想的状态，是孩子愿意把什么都告诉你。你需要做的是以朋友的身份，以平等的姿态来跟孩子交流。有人可能会说孩子不愿意跟自己交流。你没有放下父母的架子，他怎么可能跟你交流？而且你要制造适当的场合去交流。比如说我跟我儿子经常一边散步一边聊，这时他会放松警惕，把好多事情告诉我；或者他去上学的时候，有时我开车送他，在车里就跟他不断地聊同学、聊老师、聊朋友、聊有没有恋爱、聊他喜欢什么东西以及内心有什么想法。创造和孩子聊天的机会，孩子会不自觉地告诉你，我觉得这个很重要。

  第五，把自己的时间留给孩子一部分。我觉得家长能够给孩子的最重要的东西不是钱，也不是社会地位，更不是给他买东西，而是给他时间。这个时间怎么给？首先，一定要留出跟孩子充分接触的时间。比如说不管你多忙，都不能每天晚上11点才回家，那时孩子已经睡着了，然后早上5点又出门，孩子还没醒。结果就是，孩子一天到晚都见不到你。这样不行。一定要有跟孩子在一起的时间，哪怕你什么都不说，只要父母在家里，孩子内心的安全感就不一样。当然，给时间要给有质量的时间。有些家长看上去给孩子时间了，也在家里，但只顾自己看电视、玩电脑、打游戏，让孩子做作业，这是远远不够的，反而会产生负面影响。孩子会想：我天天在家里拼命做作业，你却打游戏、看电视，你都不努力，为什么要我努力？所以，跟孩子在一起最好的方法，一是与孩子进行交流，二是做让孩子看得到的事情，比如说读书，或者夫妻一起做事情。这都是非常好的。我记得大概我儿子4岁的时候，我在那儿用电脑工作，他就不学习了。我问他：你为什么不学习了？他说：你都在玩电脑，我为什么要学习？在他的概念中，电脑是用来打游戏的。后来我就知道了，在他学习的时候，我就拿一本书在他对面看，他就学得非常认真。所以父母要给孩子留出时间，为孩子做出榜样。有了这样的榜样以后，孩子会自觉地努力、上进，也会走向我们内心所期待的成功之路。

成功的七大要素

美国人曾经对成功的要素做过一个研究。这个研究非常科学，调查了几千位已经取得成功的人士，涵盖思想界、学术界、企业界、政治界等领域的知名人物，总结他们身上的特征，来判断到底哪些特征更容易让一个人取得成功。当然了，调查的内容也包括这些人的家庭背景、所上的大学等。研究最后得出的结论是：家庭背景和所上大学的好坏，与一个人成功与否真的没有太多的必然联系，而真正跟一个人成功与否有联系的，是七大要素。这七大要素分别是：第一，curiosity，即好奇心；第二，grit，即坚毅能力；第三，self control，就是自我控制能力；第四，social intelligence，就是社交能力、社交情商；第五，enthusiasm，即对生命的热情；第六，gratitude，即感恩和感激；第七，optimism，即乐观。下面，我们一起看一下这七大要素。

第一个要素是好奇心，好奇心是生命前进的基础。我们这些大人也依然没有摆脱好奇心，比如说没去过的地方想去看一看，没登过的山想去登一登，没见过的人想去见一见，这些都是好奇心。对于孩子来说，好奇心意味着什么呢？意味着对知识的追求，对未知世界的探索。我们让孩子只注意学习成绩，把他对每一门功课的兴趣都给抹杀了，这就是扼杀孩子的好奇心。孩子的好奇心跟成绩没关系，你要不断地对他进行鼓励，比如说鼓励孩子对某个领域进行探索，不管是生物、物理、化学、数学，还是文学、历史、地理、哲学，或是对大自然进行探索，都可以让孩子始终保持好奇心，鼓励孩子对不同的人和事进行探索，不要觉得孩子做这些不靠谱，就一棍子打死，那会很麻烦。我曾经见过一个案例：

一个孩子从小喜欢昆虫，父母也是大学毕业，还比较有这方面的意识，一直鼓励孩子研究昆虫。从初中到高中，这个孩子写了上千页的昆虫研究笔记，最后把笔记寄到了耶鲁大学，被耶鲁大学录取了。所以你看，鼓励孩子的好奇心有多么重要。可有的家长就会说：研究昆虫，那么恶心，赶快停下来，孩子的好奇心就被扼杀了。

　　第二个要素是坚毅能力，就是坚韧不拔，包括应对困难的能力。怎么培养孩子的这种能力呢？其实是在鼓励中培养出来的。中国家长常常喜欢限制、批判孩子，老师也喜欢批判和指责。其实，限制、批判、指责、贬低是伤害一个人的能力的最好的武器。那我们该怎么做呢？最重要的就是鼓励，而不是去伤害孩子。伤害往往会让人变得更加脆弱，而鼓励往往会让人变得更加坚强。孩子小的时候很容易摔倒，如果你总是不断地把他扶起来，那他就很难学会自己爬起来，但你让他自己爬起来，不管失败多少次你都给他鼓掌鼓励他，他就知道失败是可以克服的。我曾经看过一部日本电视剧，讲了一群小学生上体育课，练习跳鞍马。学生中有一小个子同学，大家都跳过去了，就他一个人跳不过去，老师鼓励他，一次、两次、三次，都没跳过去。这种情况下，可能有些老师会说，你就别跳了。但是这位老师组织全班同学围着他一起给他鼓励，这个孩子在第五次终于跳过去了。跳过去之后，全班同学都给他鼓掌，孩子脸上也露出了非常骄傲的神情。这种在挫折中不断取得成功的坚毅能力，对孩子的未来非常重要。比如说我高考，第一年失败了，第二年失败了，如果说我没有坚毅能力，不考第三年，那我就永远进不了北京大学。新东方做事情也失败过无数次，但是我坚持做下去了。阿里巴巴是马云开的第五家公司，这也是坚持的结果。所以大家要记住了，培养孩子的坚毅能力，要不断鼓励他发展。比如说孩子考了 40 分，你怎么办？打他一顿是没有用的。但是你鼓励他说下次考 50 分，爸爸就请你吃好吃的，考到 60 分就可以有更大的奖励，他就会感受到你对他的鼓励。而且你提出了一个不过分的要求，他会愿意去努力。

第三个要素是自我控制能力，就是为了未来一个更美好的结果，愿意牺牲眼前的快乐，面对眼前一个强大的诱惑能够放弃，以争取未来更大的利益。比如说要高考的学生，肯定不能天天打游戏，因为考大学是一件需要他付出努力的事情。他也知道考上大学以后，会过得比今天更好，能够走向更广阔的世界。那么从这个意义上来说，大部分学生会控制自己玩游戏，不去浪费时间。自我控制能力越强的人，成功的可能性就越大。如果控制不住自己，天天逛来逛去，天天打游戏，不努力学习，这样的学生自然也考不上好大学。美国的研究机构曾经做过这样一个实验，给一些 4 岁的孩子每人发一颗棉花糖，告诉他们如果在 15 分钟之后，没把棉花糖吃掉的话，他们就可以拿到第二颗棉花糖。结果大部分孩子都把棉花糖吃掉了，剩下那几个没吃的孩子拿到了第二颗棉花糖。后续跟踪调查发现，这些没吃掉棉花糖的孩子都更加容易取得成功，因为他们有比较强的自我控制能力。

第四个要素是社交情商，就是对社会的接纳度。一个孤僻的人、一个不会欣赏他人的人、一个不愿意跟别人打交道的人，取得成功的可能性非常小；一个喜欢抱怨社会的人、一个喜欢在背后说别人坏话的人，取得成功的可能性也非常小。为什么？因为他可能会被其他人群排斥。所以，在孩子小的时候便培养他跟别人相处的能力非常重要。怎么样培养孩子的社交情商呢？从小把孩子扔到人堆里去，但不是扔到成人堆里去，因为成人跟孩子之间是有隔阂的，而是把他扔到孩子堆里去。这不仅仅是指在学校跟同学在一起，也包括跟小区里的孩子在一起。但孩子在一起的时候，可能出现攀比竞争心理，有的时候不是那么放得开，怎么办？那就要父母来帮忙，比如把小区里年龄差不多的孩子请到家里一起玩，让孩子形成一个小团队，一起去沟通、交流、合作，有东西大家一起分，即使打架了也没关系，还可以通过沟通进一步和好。这样就能让孩子慢慢地学会社交。美国有一个项目叫作"斯利波尔"，就是让这家的孩子到那家去睡，那家的孩子下个星期到这家来睡。这样孩子一起打打闹闹，会变得很开心，也从小学会了跟人相处。我觉得我们也可以学一学。

第五个要素是对生命的热情。我在给学生讲课时，就讲到过生命热情的问题。对生命有热情，意味着对未来有期待，就是自己能够欣赏这个世界，对未来有追求，能够感觉到这个世界上有很多东西是美好的，不管是大自然的还是社会的。那生命热情是怎么激发出来的呢？如果一个人总是寻找和探索美好的事情，那么就能够激发出生命的热情。一个天天在父母抱怨、批判中长大的孩子，是不可能对生命有热情的，还可能会对生命感到烦躁。如果家长能带着孩子到大自然去看一看，带着孩子去欣赏自然美景，比如说下雪时，带着孩子观察雪，或者说到雪地里去打打雪仗，就是对大自然的欣赏。我在长江边上长大，小时候天天看着长江上太阳升起来、落下去，大江奔流，打小心里就产生了一种壮阔感。我觉得这种壮阔感影响了我对生命的看法。

第六个要素是感恩。我们通常说的感恩是比较狭义的概念，比如说孩子要对父母感恩，我们要对帮助过我们的人感恩。所谓的"滴水之恩，当涌泉相报"当然很好，培养孩子对父母的感恩、孝顺，当然也非常重要，但是更加重要的是，我们要对整个社会体系有一种感恩心理。举几个简单的例子：现在一打开开关，电就来了；一打开水龙头，水就来了；卫生体系在大部分情况下做得非常好；街上有各种各样的饭店，在家里一下单饭菜就送到了家门口……这些表面看上去很平常，但实际上我们要感恩。为什么呢？在古代社会，要享受这些服务是完全不可能的。比如说以现在的医疗条件，绝大部分疾病我们都能够战胜，这是要感恩的，这是人类共同合作发展的结果。如果我们有这样一份感恩心理，即使在生活中遇到各种各样的艰难困苦，甚至是不公平待遇，我们依然能够让自己活得更好。所以，从小培养孩子的感恩心理，而不是对社会的抱怨，也是非常重要的。

第七个要素就是乐观了。这一点大家很容易理解。我们常听到一个说法，桌上有半瓶水，乐观的人会说还有半瓶水，而悲观的人可能会说这瓶水已经快没了。我们的生活也是这样的。生命从出生的那天起，就在走向死亡，像我现在已经50多岁了，后面的日子其实已经不那么多了，尽管现在医学比较发达，就算能活到100岁，我也只有40多年，何况大部分人都是活不到100岁的。我大半瓶子的水都没了。如果我这样悲观地想，那生命就变得毫无意义。但是乐观讲的话，我可以充分利用我在这个世界上的每一天，让自己做得更好，让自己变得更加快乐。所以，乐观也可以说是用积极向上的心态，来对待自己的生命和生活。

我们应该把这七种能力中的任何一种灌输给孩子，让它变成孩子的习惯，孩子如果能拥有两三个，甚至更多，就更好了。不一定七种都要，几乎没有一个人同时拥有这七种能力，但是或多或少有一点，对孩子来说，都比成绩重要百倍。

情商、智商、逆商

一个成功的人需要具备哪几个方面的能力？我觉得要从智商、情商和逆商三个方面来考虑。有一句话，我觉得特别好。这句话的英文是，We need to prepare children not for a life of tests but the test of life，意思是我们为孩子准备好的，不是一辈子的考试，而是对于生命的考验。我们来到这个世界上，除了参加各种考试以外，还会有很多考验，一路成长的过程就是战胜各种艰难困苦、失败和挫折的过程。没有任何一个人的人生会是一帆风顺的。在这个过程中，我们需要进行三方面的训练，一个是情商的训练，一个是智商的训练，一个是逆商的训练。

所谓情商的训练，我觉得最重要的就是如何做人，主要包括三点。首先是被人信任的能力。被人信任并不是通过花言巧语让别人信任你，而是他人对你的人品、人格的信任，这在生活中会给你带来极大的益处。因为别人相信你，就愿意对你敞开心扉，也愿意把自己的资源给你用。如果我们的孩子能够被别人信任，那就再好不过了。

其次是善于分享的能力。好东西要跟人分享，分享可以把饼做得更大。当初，我把徐小平、王强从国外叫回来，跟我一起干新东方时公司的发展已经比较稳定了，如果我继续一个人做，百分之百地拥有新东方岂不是对我更有利？其实不是的。他们回来了，后来虽然分走了不少股份，但把新东方做大了。这个饼越来越大，我们每个人就越来越好。所以善于分享，把好东西分享给别人，对自己更有好处。

最后是乐于助人，就是让孩子愿意帮助别人，进而通过帮助别人来帮助自己。没有一个人是百分之百没有自私心理的。但有的人的自私，表现为把眼前的东西全部拿到自己手里，而有的人则是先帮助别人，再得到大家的帮助。二者孰优孰劣，大家一目了然。

我觉得这三点是情商最重要的体现。

对于智商，我在这本书开篇的时候单独讲过，我们提到智商常常讲的是学习成绩。一个人学习成绩好就是智商高，其实不是这样的。智商有天生的成分，有的人天生智商高一点，有的人低一点，但只要在正常范围之内，人的勤奋和思考能将智商充分发挥出来，或者抵消天生的智商不足。智商绝对不仅仅指考试成绩，还包括你的研究能力和学习能力。所谓的学习能力，就是通过读书让自己的知识变得更加丰富，通过实践让自己变得更加灵敏，等等。所谓的研究能力，是通过自己的深入探索，在每个学科上取得更大的成就。

除了智商，另外一个对孩子非常重要的因素就是逆商。什么叫逆商？就是面对困难、挫折、失败的抗打击能力和自我管理能力。人一生中一帆风顺的时候真的非常少，我们总能碰到各种不如意的事情，谈恋爱可能会失恋，考试可能会成绩不及格，工作中可能会失业，创业也有可能会失败。面对生活，我们最重要的是能够扛得住，要有这样的信念，任何一次失败都是为了帮助我们未来取得更大的成功，这就是所谓的"天将降大任于是人也，必先苦其心志、劳其筋骨"，一定要对自己有信心。我们的孩子如果在内心中建立起这样一种信念，就不再怕失败、挫折了，考试不及格也不会对他造成太多的负面影响，我觉得这也是我们家长的重大成果。

因此，对孩子的培养，情商、智商、逆商三方面都要有，这是我们家长应该关注的事情。

好父母的三大特征

提到父母的角色，我想把母亲、父亲分开来讲。当然了，这不是绝对的，不是说母亲做的事情，父亲不用做，或者父亲做的事情，母亲不用做。整体而言，我觉得要各有侧重点。

我先讲讲母亲。我觉得一个好母亲要有三个特征。第一个特征是有心平气和的态度。我发现母亲在面对孩子的问题时，比较容易急躁，容易不分青红皂白地指责孩子。这种比较急的脾气也会影响孩子的脾气，导致孩子变得比较急躁，遇到事情不沉着，对孩子的个性也会有很大的负面影响。所以作为一个母亲，遇事应该心平气和，跟孩子讲道理、分析问题，最后再定规矩，而不是脾气暴躁，把孩子骂一顿，出口伤人，给孩子造成极大的伤害。当然，父亲也是一样的。但整体来说，相对于母亲，父亲跟孩子的日常接触还是要少一点，而且父亲对孩子要更加宽厚一点。所以，母亲在这方面尤其要注意。

好母亲的第二个特征是整洁、干净、勤快。一个母亲要有能力把自己、把家里打理得井井有条，从内到外给孩子做榜样。但是光这样还不行，母亲还要要求孩子也养成勤快、干净的习惯，要孩子学会整理家里的东西，把东西放得井井有条。如果一个母亲把家里弄得乱七八糟，从来不收拾东西，没有条理的话，孩子也很难有条理，这对孩子的一辈子会有非常大的影响。

好母亲的第三个特征就是拥有阅读、学习的爱好。我觉得从读书的角度来说，妈妈喜欢读书比爸爸喜欢读书还要重要，因为在孩子的成长阶段，妈妈是陪伴孩子比较多的人。如果妈妈喜欢读书，并且跟孩子一起阅读，就会帮助孩子养成良好的阅读习惯。所以从这一层面来说，妈妈喜欢读书比父亲喜欢读书还重要。当然，如果夫妻两个都喜欢读书就再好不过。我对读书的喜好，也对我的孩子有很好的影响。

接下来，我讲好父亲的三个特征。父亲，我觉得更多时候还是帮助孩子认知这个世界，培养孩子面对这个世界的某种个性。所以，我认为好父亲三个最重要的特征，第一个是正直、开明、有担当。一个男人如果在孩子面前做得不像男人，就很麻烦了。

第二个特征是善于探索、钻研。孩子对于这个世界的探索、对于知识的探索很大程度上都是由父亲来引导的。即使有老师、有榜样的作用，父亲在这方面的作用也是不能缺失的。我在孩子小时候就陪着他，帮着孩子一起弄3D打印机，带着孩子潜水、了解海底世界等。我认为这些都是父亲在培养孩子的勇气和探索精神。对孩子来说，这种对外在世界的认知是了解世界、对接未来、走向世界的重要的窗口。

好父亲的第三个特征是有不屈不挠的追求理想的勇气。作为一个父亲，我觉得最重要的是让孩子感觉到他有一种勇往直前的精神，一种对理想的期待和努力，让孩子感觉到有一种向上的力量存在。

我觉得这三点对父亲来说还是非常重要的，我们也应该着重培养孩子的这种精神和气质。我们常常发现，小女孩如果有一个胸襟非常开阔的父亲，那她身上就会带有一些潇洒、大气的精神，而这样的女孩在社会上往往更加容易取得成功；而一个男孩如果只是跟着母亲长大，他身上可能会缺一点阳刚之气，或者内心比较敏感，缺少父亲正常陪伴所形成的男子气魄。父亲和母亲在教育孩子的过程中，分工和角色是不同的，比如阳刚之气就更多是父亲来培养的。比如，我儿子小时候要从台阶上跳下，妈妈就会拉住，说危险；但我会鼓励他从一块大石头上往下跳，当然是不会出现危险的那种。这就是父亲和母亲的区别。

那么，在教育孩子方面，夫妻在一起到底应该做什么？我觉得有两件事情非常重要，第一是要一起制订孩子未来的发展计划，并且要达成大致一致的方向。千万不能两人完全不一致，一个往东走，一个往西走：父亲说要学体育、打篮球，结果母亲坚决不让打篮球；母亲说要学数学，父亲说不行，一定要学语文。这就不一致了。母亲说这件事不能干，父亲说这件事能干，而且当着孩子争论，这是很可怕的，孩子会无所适从，不知道到底干还是不干，会形成进退两难的个性，一旦久了，对孩子的成长是有很大的杀伤力的。所以父母在对孩子的个性、能力、性格进行分析以后，在孩子的成长路径上、该做什么上面要基本达成一致。孩子应该遵守哪些行为规范、哪些行为需要指责，夫妻要达成一致。此外，两人一定要学会跟孩子充分交流，至少有一方是能够让孩子掏心窝子说话的，这个非常重要，否则孩子就会把事情憋在心里。尤其在外面，如果他没有更好的朋友的话，这种心理也会对孩子造成伤害，也让孩子和父母之间产生隔阂。尽管很多孩子要到了二三十岁以后才能够理解父母的不容易，但是如果现在跟孩子交流能更加流畅的话，会有益于孩子的成长。

总之，孩子的教育是一门很深的学问。身为父母，除了给孩子定好规矩，鼓励他们对世界进行探索，鼓励他们战胜挫折、不断取得进步，还要发现孩子的天赋并且进行培养，等等。所以，为人父母要做的一件事情就是观察，通过观察发现孩子的天赋，培养他的天赋，使其变成他的才能，并根据他的天赋建立他走向未来的梦想。这样的话，他就能够在自己的天赋梦想方面取得成功，能够做自己喜欢做的事情。人们都希望做自己喜欢做的事情，并在此基础上实现人生幸福、事业兴旺。所以，希望父母能够不断和孩子进行合作，不光是做孩子的父母，还能成为孩子的人生导师，成为孩子的朋友，和孩子一起努力、一起成长。

和孩子一起行走世界

2020年谷雨这一天,北京下了一场大雨,雷声隆隆。这是2020年北京的第一场春雷,而且大雨中间居然晚霞灿烂,呈现出非常美丽的景象。

时间就这么一天天过去了,我们中国的疫情算是控制得相当不错。但是很多人的生活和工作依然受到了比较大的影响,很多人工资还没恢复正常状态,还有一些工作单位面临着经济困难。新东方也遇到了很多这方面的考验,甚至可以说是全中国人民都在经历的考验,世界其他地方的疫情也还在发展。我相信,最终全世界还是能够从疫情中走出来,但需要全人类的共同奋斗,我们也要有很多耐心等待。在这种情况下,我觉得大家不管是在生活还是工作中,要尽可能地加强和锻炼自己的能力和才华,让自己的头脑变得更加聪明,让自己能够多读一点书。这样的话,我们就会为未来打下更好的基础。我觉得人生最重要的就是不能浪费时间,不能无所事事,不能不思考,不能总是重复地做同样的事情而没有任何长进。

人生不长进，我们就会在一个非常狭窄的圈里绕来绕去，就像驴推磨一样。一头驴推磨，一辈子可能走了十几万公里，但是它的眼光几乎一辈子就是那个磨。等驴年纪大了退休以后，主人让它到草地上去走一走，结果它到了草地上以后，独自在那儿绕圈子，不知道可以走向更远的地方。我们很多人大概就处于这样一种状态，很容易就把自己的一辈子陷入日常工作中去，结果忙于完成日常工作，而不去思考如何能够进入一个更高的工作平台或者事业平台，所以一辈子做着同样的工作，很容易被时代所抛弃。原因也非常简单，世界日新月异，科技的发展日新月异，人们的事业也是日新月异，如果不思进取的话，可能就像那头驴一样，一辈子绕着工作转来转去，不可能有太大的发展。

此外，我们很多人陷在自己的日常惯性生活中，很容易失去思考能力，因为习惯了每天的日常生活，对早上起来做什么、上午做什么、中午做什么、晚上做什么，都已经习以为常，形成了一个怪圈。自己囿于自己的生活，包括婚姻、家庭、工作中，一辈子就这样慢慢过去了。而且很多人还老说：我等一等，也许有一天会云开日出。当然，生活中肯定会有云开日出的时候，但是如果你不主动去争取的话，它是不可能出现的，或者出现的概率非常低。人的一生是需要自己去走、去奋斗的。假如内心没有走到远方的愿望，你的脚步是不可能迈向远方的。从某种意义上来说，有些人的欲望，吃着碗里的，想着锅里的，可能会督促他走得更远。当然了，如果欲望变成了贪欲、奢欲，超过了界限，就会给我们带来很多的麻烦。但是正常的欲望，希望自己过得更好，会牵引我们的生命走向远方。

行万里路

我们小时候可能都听过一句话,叫"读万卷书,行万里路",这是古人留下来的。也就是说古时候,人们就已经意识到了两件事情的重要性,第一个就是读书,第二个就是行路。而所谓行万里路,其实就是指人生经历。

比如很多年轻人,成了北漂、南漂。南漂跑到深圳、广州去,北漂跑到北京来寻找工作机会。尽管有时候会碰得头破血流,但是潜移默化中,他们已经学到了很多东西,为人处世也好,对世界的了解和看法也好,都会有很大的变化。这在某种意义上就叫行万里路。对于现在的我们来说,这两件事情依然是不过时的。

至于读书,开卷有益,尽管不是每天非要读一本书,或者一年非要读几百本书,但是挑一些优秀的、有思想的书,能够增加情怀的书,扩展眼光的书,提升理性思考能力和思维能力的书,去读一读,真的会使我们变得更加理性、更加有智慧,至少会使我们变得更加有学问、有气质。谈恋爱的时候,这样的男生尤其会被女生喜欢,当然变成一个书呆子是不行的。

说到行万里路,我觉得主要是指以下几个方面。

第一,真的去行走。因为到不同的地区、不同的文化中去旅游、观察,哪怕是蜻蜓点水、浮光掠影,也是扩展你的眼光、扩大你视野的最好的机会。其实每个人内心都有一种走向远方的愿望,根本就不想旅行的人还是很少的。

第二,增加自己的经历。我刚才讲过,北漂也好,南漂也好,其实都是在增加一种人生经历，你会遇到很多原来不认识的人，碰到很多根本意想不到的事情。但是，不管怎样，有这样的选择，说明你有一颗向上、愿意不断奋进的心。我读过申赋渔的一本书，叫《一个一个人》。申赋渔是一个作家，这本书写他在1990年左右没有考上大学，开始当民工，但是他抱着一颗文学的心，在那么艰苦的环境中，从来没有放弃写作的愿望，写诗、写散文，记录自己的生活，最后终于到了南京大学作家班去上学。现在，他靠自己的文字功底既记录了中国社会的发展，同时也让自己能够从事一份自己喜欢的职业，这就是经历。

经历需要沉淀，不能说被经历打败，就从此沉沦下去，那么你就再也没有出头之日了。所以你要有这种心态，人生中碰到的任何事情都是为了让自己变成一个更加优秀的人。

有的时候一些事情看似很难过去，但其实只要你想清楚了就能过去。比如说苏格拉底的老婆是个泼妇，每天回去都向他泼洗脚水，但是苏格拉底还是乐呵呵的，因为他觉得生命中如果没有这样一个女人天天欺负他，他不可能有纯粹的哲学思考。他把生活中的挫折变成了哲学思考的基础。

我觉得"读万卷书，行万里路"，如果用四个字来表达，就是学识、见识。"读万卷书"是学识，而"行万里路"叫见识。学识是你有学问，而见识是你能够洞察这个世界的变化，理解人类的心理，了解其逻辑与规律。所以当一个人有学识、见识以后，他就会不断进步。后来有人把这两句话又拓展了，我也拓展了一下，分成了五个部分，即读万卷书、行万里路、阅人无数、名师指路、个人觉悟。

其实你行万里路的过程，在某种程度上也是阅人无数的过程。你碰到好人和坏人，慢慢地学会怎么跟好人打交道，怎么避开坏人，或者说怎么对付坏人，怎么样和好人联合起来，一起共同开展自己的事业。

但是我们在不同时间，会有不同的局限性，对生命的思考高度是有限的，所以需要有人来指导我们，就是所谓的找导师。在大学里面，不管你是硕士还是博士，如果你导师的水平不够，你的学问水平往往不会高到哪里去，因为你的导师可能对你没有太多要求，可能连他自己都不知道怎么办。现在大学里面有不少导师，水平真的很差，学生也学不到什么东西。所以，我们在生命中就特别希望有好的导师出现。你看中国著名的思想家以及世界著名的哲学家，后面都有一堆优秀人物的名字，比如孔子门下有七十二贤，苏格拉底之后有柏拉图和亚里士多德，而亚里士多德的学生中还有亚历山大大帝。你可以感到，优秀的人会带出优秀的人。所以，寻找名师指路特别重要，跟错了人，可能就错了一辈子。

如果你导师的思想走偏了，那你的思想可能也会走偏。我们可以看到，在这次疫情期间，网络上出现了各种各样的攻击、谩骂等，有些人的思想非常偏激，我觉得这些人就是小时候被人带偏了。我觉得成熟的人会更加理性、更加宽容、更加平等地探讨思想，这才是值得我们尊敬的。名师指路，并不是说你跟着一个老师，而是可以跟各行各业的人学习。可以是大学里的老师，可以是网上授课的优秀老师，也可以是一些优秀的企业家，比如听任正非等人的演讲，尤其是创业的人，也属于名师的范畴。

最后一点是个人觉悟。人有的时候会变得豁然开朗，就像眼前的一层纸给撕开了，整个世界都变得透亮。其实，我不太相信顿悟这件事情，我认为所有的顿悟就像我们的灵感一样，都是长期潜移默化积累的结果。

我觉得所谓的顿悟是靠个人的觉悟。比如说你写诗的时候灵感来了，下笔如有神，其实这是因为你在过去很长的时间之内不断积累，产生了一种感觉。科学家的很多成就也来自这种积累以后的灵感。所以，灵感也好，顿悟也罢，一定是你不断思考、不断觉悟的过程。有了这样一个过程以后，我们就能够成长得更快，能够从一个高峰走向另外一个高峰。

在教育孩子方面，最重要的是让孩子学会思考。那孩子的思考能力怎么获得呢？最初，就是家长跟孩子对话。如果家长思考偏了，那孩子可能也会很麻烦。但是家长如果觉得自己是比较理性的，感觉自己能帮助孩子形成比较好的理解的话，那么可以跟孩子不断进行对话，通过问答的方式培养孩子的思考习惯，让孩子来解答一些他学习和小世界中遇到的问题，而不是总背教科书，只有标准答案。标准答案，有时候是会害人的。如果历史问题、语文问题、哲学问题都有标准答案，可能会让孩子变得不会思考，只会跟在别人后面跑，还可能会有一思考满脑袋浆糊的感觉。

此外，要让孩子养成写东西的习惯。可以从写日记开始，到主题写作，比如说带着孩子去旅行了、碰到了一件事情，或者社会上发生了一件事情，孩子思考并把它写下来。不需要写太多，写个500字左右的感悟，之后家长可以跟他一起探讨。

面向世界，给孩子什么样的教育？

有人问我，面对未来世界的发展，我们到底应该让孩子接受什么样的教育？我觉得第一点，也是最重要的一点，就是接受中国教育，中国文字和文化的功底是必不可少的。请记住，这里说的中国教育不是和中小学教育画等号，而是中国的文字和文化功底，这是两个不同的概念。怎么理解呢？就像一个穿着名牌服装、表面光鲜的人和有内在气质的人是不同的。表面光鲜，相当于我们在考试中考高分，这当然很好。但是，如果只是表面穿着光鲜的衣服，但是没有内在的气质和素质来吸引人，那就是一具空壳而已。而要做到气质和外表的结合，这也是我们都希望的。但是二者相比，我觉得气质更加重要。

有一阵子，上海一个捡垃圾的大叔很受欢迎。尽管他穿的很脏，但大家还愿意跟他探讨问题，因为他讲起知识、讲起哲学思考来头头是道。当然热了一阵，后来又听不到他的消息了，也许大家不去追了。但是不管怎样，我再次强调，我们需要外在和内在相结合，而中国的文字和文化功底就是我们的内在气质。

比如说你对唐诗、宋词、中国历史、《资治通鉴》、《红楼梦》等比较熟悉，对中国的现代文学、文化也比较熟悉，那你的文化和文字功底应该会比较好，它们能培养我们的内在气质。但是如果你只是语文课，或者其他课程都考90分、100分，并不能表明你有很好的内在气质，所以这两个是完全不同的概念。

第二，有条件的家庭可以送孩子出国读高中或者大学。这并不是说在国内读高中或大学与在国外有高低之分，实际上没有什么高低之分。只是由于现在世界在不断加快融合，学生从身心上能跟世界融合就变得很重要。很多中国学生大学毕业以后到国外去读硕士和博士，最后进国外的优秀公司，或者回到国内成为重要的科技人员。我觉得对于有条件的家庭，这么做也是不错的。

对于西方国家，只要它们在教育上不对我们封闭，我觉得应该首选它们作为留学目的地。为什么？因为从人文历史到科学技术，西方国家到今天依然很多方面是领先的，当然在东方国家中，日本也还不错。但我觉得英语是世界通用的语言，首选西方国家，尤其是美国、英国这样的教育大国去读书，是能够帮助孩子不断进步的，也是孩子应该接受的一种教育。

可能有学生会说，自己本科之前根本没有条件出国读书，而且本科毕业还得先找工作，也不可能出国读书，那怎么办？我想说，世界融合重要，但它只是我们人生行走的一部分，不是全部，你未来的路有很多。比如我，从农村考了三年才考到北大，后来在北大当老师，想要出国也没出成；再后来，我虽然拿到了美国大学的录取通知书，但是拿不到奖学金，就出来单干新东方了，慢慢变得有钱了。到今天，我也没有真正到国外读过书。我特别佩服王石，他从万科退休后，虽然英语水平不怎么样，但跑到哈佛大学做了两年访问学者，后来又到以色列，对犹太教、犹太文化进行研究。我觉得他很了不起，都已经70岁了，还能够这么好学。所以，即便我们没有机会到国外去学习，仍然可以在自己的轨道上，不断地自我学习、自我成长，未来的机会也会越来越多。因为这个世界大得很，人生的发展是不可限量的，而且学好英语也不是那么难的事情。它跟智商没关系，跟理解力没关系，无非就是语言重复，直到你掌握了它。

第三，还是要说阅读，这也是孩子在成长的过程中一定要做的一件事。阅读的同时，还要加上旅行，做到知行合一。当然，书是需要精心挑的，有些书是会把人带坏的，有些书让人思想变得很狭窄、偏激，这样的书不能读。要读就读一些能够真正帮着孩子从历史上、思想上、情感上理解世界、理解中国的书，这样才能培养孩子广阔的世界观和人生观，未来孩子才更有可能做出些事情。

　　至少我自己的经历，是在阅读和行走中受益很多的，而阅读和行走也是我最喜欢做的事情。在行走方面，徐霞客对我影响很大，我的家乡和小时候的经历也让我喜欢这件事情。前面我说过，我家就在长江边，旁边有一座小山，有五六十米高，没事我就会放羊、割草，爬到山顶上去，到山顶上以后，长江一览无余，天际广阔。我常常在长江边看朝阳从长江里升起来，晚霞在长江里落下去。长江里的芦苇荡一望无边，远处的大货轮、轮船汽笛长鸣，我的心一下子就有走向远方的感觉。所以在大江、大河、大山边长大的人，对大自然的热爱应该是非常明显的。就像北京下过雷雨，晚霞穿过树林一直照到我的身上，那种心情、感觉可能是有些人体会不到的。

　　我在七八岁的时候，去了一趟上海，当时我妈带我去她姐姐家。其实，那个姨妈是解放以前家里太穷了，被送到上海别人家了。于是，她就变成了上海人。那次经历让幼小的我非常震撼。我从江阴坐着江轮过去，到凌晨三四点钟的时候，进入吴淞口。那广阔的水域、远处的灯光所带来的震撼，让我感觉像置身于大海中。轮船在大江中航行，浪涛拍打着船头的声音，给我七八岁的心灵留下了很深刻的印象和震撼。进入上海以后，我发现上海的灯光是如此明亮，尽管现在想起来那时的灯光也不是那么多。但对于一个几乎没有见过电灯，只看过月光和星空的农村孩子来说，城市那无比灿烂的灯光、起伏的高楼，让我觉得长大以后一定不能只待在农村，要到大城市去生活。后来我之所以高考坚持考了三年，也有这些因素的作用。

小时候，读了各种各样的书以后，我就产生到书中的地方去走一走的想法；然后有了小时候的这些经历，就忍不住到处走走，大学时期如此，现在也是一样。

比如说，你到埃及去度假，其实你看到金字塔也可能会觉得没什么。但如果你是去考察，先学习了埃及的历史，了解了埃及的发展，那么再去的时候，从金字塔到古庙、到帝王陵、到尼罗河，你可以沿着文化的脉络一路往前走，你的收获就会很多。所以我觉得，我们人生的行走如果是度假似乎没觉得怎么样，但如果你了解了当地的人文、历史、风俗、民情、风景，把它们的名胜古迹连起来，那一切就变得不一样了。

所以，我一般到一个地方后都是开车走。因为开车一路上可以碰上很多新鲜事，不像飞机旅行只到一个目的地。我把学习历史和实地考察结合起来，对自己的所见所闻思考之后加上自己的知识，记了日记，这些日记后来变成了我的文化笔记。

比如说2019年11月，受一个在缅甸做生意的朋友的邀请，我去了趟缅甸。因为只有4天半的时间，所以我只能到最重要的佛教文化遗址和曼德勒古城走一走。走的过程中，我们同行共4个人。其他三个人走完就走完了，而我随后用一个星期左右的时间整理出来了35000字的旅行笔记。我把旅行笔记发给那三个人看的时候，他们说：我们也没感觉你一路上做了多少事情，怎么就观察得那么仔细，想那么多，还能弄出35000字的旅行笔记来。再后来，机缘巧合，我把很多旅行笔记整合在一起，出版了，取名《彼岸风景》，里面包括我拍的照片，以及我在旅行过程中的所想所思。

回过头来看这段经历，觉得特别不一样。但过程中，其实挺苦的。因为开着车风餐露宿，常常找不到好的宾馆，吃不到自己喜欢吃的食物，但我觉得，去接触大自然，去了解这些历史文化，去独立思考特别重要。所以从我的孩子出生开始，我就有意地培养他对大自然的热爱、对人文历史的热爱。

我会有意无意地带着他去行走。我和我儿子有很多照片，有他小的时候我带着他在大海边上，有他长大了我们在草原上徒步，后来坐在一个山顶上，他坐在一边看着远方，我坐在另一边看着远方。有一次，我带着我儿子登泰山，不允许他坐缆车，带着他爬了5个小时，从山脚下的岱庙一直爬到了山顶，然后坐在山顶的宾馆，等第二天凌晨4:00看日出。他穿着军大衣，尽管到处都是人，我们还是拍下了一张照片。我通过这种方法来培养他对中国文化的热爱，锻炼他的意志和力量。我相信很多东西会潜移默化地影响孩子的身心健康。

与此同时，我也会培养孩子对历史文化的认知。首先，我会要求他阅读历史书，让他知道人类从过去是怎么走过来的；然后带他去旅行，去实地考察，培养孩子对世界的热爱和理解，让他对世界有新的视角；同时我要求他记录心得，也就是写作。在写的过程中，我会先写我的，这样的话可以给他做个榜样和示范。

这样能够提升孩子几方面的能力。首先就是认知能力，即通过阅读、行走，让孩子的认知能力得到迅速提升。其次是理解力，让孩子对世界上正在发生的事情越来越理解。比如说现在世界上出现了一些什么问题，它们的历史根源是什么，美国人为什么这么看，中国人为什么这么看。其实通过多读历史、多行走，是能够找到一些答案的。再次，培养孩子的独立性。孩子不独立，从思想到行为都依赖父母，这是一个特别不好的现象。而且孩子在学习过程中只看教科书，也是一个特别不好的现象。所以一定要注意培养孩子的独立性，要让孩子有一个独立行走的过程。之后，就是培养孩子的社会性，进而培养孩子的容纳度。行万里路，阅人无数，让孩子通过跟不同的人群打交道，理解不同的文化，在各种场合下能融入不同的社会组织。比如说，在国内上大学可以融入国内的学生会组织，到国外上大学可以融入国外的学生组织。这就是互相之间能够容纳理解，而做到这一点，对传统的理解、对宗教的理解、对习俗的理解等真的非常重要。

我做老师的一点体会

对我影响比较大的几位老师

在小学、中学、大学，人一定碰到过对自己产生巨大影响的老师，他们可能对你的学习、人生都产生了比较大的影响。我也一样，要感谢我生命中碰到的好老师。

现在，我对小学老师的记忆已经不是那么清晰了，那时在农村，大部分的小学老师都是代课老师，或者说是本村的老师，教学水平也不会很高，也就大概小学毕业，勉强能够教我们认字、做数学题。但是我二、三年级时候的语文老师对我的影响很大。我的这位语文老师曾是"右派"，从城里下来的，应该是个大学毕业生，所以跟农村的其他老师完全不一样。我到现在还记得他教的一些课，《小英雄雨来》《半夜鸡叫》，都是这位老师教的。

他给我带来的影响主要有两方面。第一是上课生动、灵活、有趣。比如说他讲《半夜鸡叫》的时候，就把两张桌子拼起来，搭成鸡窝状，钻到桌子底下去学鸡叫，当周扒皮，这个场景引起了同学们极大的兴趣。第二就是他对我特别好，因为从小我的语文还是不错的。小时候，我母亲一心一意希望我长大能当个老师，所以从我4岁开始记事的时候，能买的东西就是书、连环漫画，我姐跟我一起读。我6岁不到就上小学，但那时已经认识很多字，所以语文老师比较喜欢我。到小学二三年级要写作文时，我写的作文会被老师当作范文，在教室里面读给别的同学听，我自己当然非常开心。但比这更重要的是，老师引导我读书。他给我介绍了一些书，比如说《水浒传》《三国演义》的简版本，我小学二三年级的时候就读了这些书。这位老师对我喜欢语文、喜欢读书，产生了非常好的影响。

所以，我常常建议新东方的老师在上课的时候要给学生推荐一些好的课外书，要给学生讲一些人生故事，要引导学生对未来展开设想，这些对孩子来说很重要。

第二位对我影响比较大的老师，就是我初中时的政治老师。好多同学可能会好奇：政治老师怎么会给你产生那么大影响呢？这位政治老师性格特别耿直，说话特别直爽。我很喜欢这个老师，他也很喜欢我，觉得我学习成绩还不错，人也文质彬彬的。他当时有一个要求，每个班选出一个代表来，每天早自习用半个小时给同学读报纸。当时读的都是各种各样的社论，他点名让我来读报纸。我那时普通话不行，在班里也不是什么班干部，但他就是让我读，每天早上读报纸就变成我的专利。初中两年，我读了几百天的报纸，这不知不觉就给我带来了很大的影响。一是当时的报纸尽管涉及的知识面不丰富，但是那些句子结构读多了，自己的写作能力还是会有所提高；二是锻炼了我讲话的能力，因为读报纸读多了，讲话就会比较流畅。所以到今天，我讲话还是比较流畅，上课也还算比较会讲，如果寻根究源的话，这跟我初中读了差不多两年报纸是有关系的。

这位政治老师叫什么名字，还有小学那位语文老师叫什么名字，我其实已经不太记得了，但老师给我带来的影响是终身的。这种影响就在于他关注你、鼓励你、相信你，觉得你会是个好学生，这在学生成长阶段真的特别重要。

到了高中阶段，对我影响最大的就是语文老师和英语老师。为什么教数理化的老师对我产生的影响不大？因为我的数理化成绩一直不好，自然老师对我的关注、鼓励也不是那么多。而且，数理化老师通常会比较刻板地讲题，一道一道地往后讲。像我这样一个文科类型的学生，充满了想象力，存在各种异想天开的想法，很自然文科老师更加容易吸引我。我高中的这两位老师也是"右派"，是从省城下来的，语文老师当时还是江苏省作家协会会员，英语老师曾经是江苏省翻译局特别高级的翻译，所以两个人从水平来说是非常高的。这种水平的老师都可以教大学生了，在某种意义上，来到一个农村的高中教我们这些农村的孩子绰绰有余。

而当时农村的孩子，大部分对学习没感觉，也没有太多兴趣，大家觉得反正学完了也是种地，不学也是种地，种地也不需要文化，为什么非要去学习？但我是一个喜欢读书的人，所以语文老师对我也很好，也常常把我的作文当作范文读，给我推荐一些课外书什么的，后来出现的一些书，包括一些当时还被禁的书，也是我从语文老师那里读到的。

我的英语老师也非常厉害。记得有一次，我阿姨得了类风湿关节炎，通过各种关系从国外弄了一种药。但是这种药的英文说明书我们谁也读不懂，于是我就给我的英语老师拿过去，他当场就把整个说明用中文翻译出来给我听。现在想来，虽然也不是一件特别难的事情，无非就是怎么吃、每天吃几次，但是对于一个农村高中的孩子来说，这种震撼带来的影响是巨大的。

在我高考的时候，语文老师劝我选中文专业，英语老师劝我选英文专业。后来我选择学英文的主要原因，不是不喜欢中文，而是我数学不行，当时考英语专业不用考数学。

其实在高中阶段，有位数学老师对我的影响也挺大的。高一的时候，还没有分文理科，我的数学成绩一直不行。这位女老师一方面耐心地告诉我，说数学对我很重要，非常耐心地指导我学；同时还用了激将法，跟我说"你要是能学好数学的话，我倒过来走路给你看，我觉得你学不好"。

我觉得不能让这个老师对我太失望，所以就开始比较认真地学数学了。这个时候，数学老师给了我一个非常好的指导，说我只要做一件事情就行：把教科书的习题从第一道做到最后一道，而且不能只做一遍，每道题目至少需要做三遍，不懂的题目还要再做两遍。在做的过程中，我不懂的任何一道题目都可以告诉她，她会给我讲，保证让我懂。

这样，我就顺着老师的这个思路，从第一道做到最后一道题。很有意思的是，那个学期期末考试，全班同学只有一个人数学得了 100 分，那就是我。这位数学老师教会我一件事情，原来学习是有方法的，不是被动地老师教到哪里学到哪里，也不是题目做了一遍就把它丢一边，过了两个星期又忘记了。所以大家可以看到，数学我努力学，也是能学好的，但我觉得自己天生比较偏向文科。对学习而言，重要的是老师鼓励你，你对学习开始感兴趣，并且用对学习方法。

后来我两次高考失利，第三年参加了一个高考补习班。在这个补习班，我遇到了比较好的同学，就是现在新东方的 CEO 周成刚老师，还有原来的行政总裁李国富老师。更重要的是，我还碰到了另一位很好的英语老师。这个英语老师是从南京大学毕业的，当时在江阴一中当老师，他1979年教的一个学生考到了北京大学外语系，虽然这个学生学的德语，但老师的名声出来了，说他能教学生考到北大去。所以当时县政府、县教委就跟这位老师商量说：你能不能招一个班，辅导一个班的学生，这样的话说不定第二年还有人能去北大。结果，当然就是第二年，我去了北大。

这个老师在两方面给我带来了很大的影响。第一是他很幽默，因为他的幽默，上课讲解到位，我们这些本来就要考外语专业的学生，对外语产生了更大的兴趣。后来这个班成绩斐然，总共40个学生，38个考上了大学和大专。这在当时已经是一个了不起的数据，因为当时每100个参加高考的学生只有4个能被录取到大专和大学。第二是这位老师非常人性化，不是用那种严格的纪律和刻板的教条来管我们，而是跟我们打成一片。那时，我们都住在学校。有一天晚上，大家没吃晚饭，肚子都很饿，到了晚上10点多以后，大家想去享受一次夜宵，却被学校的门卫给叫住了，不让我们出去。这位老师来说情也不行。后来，他就告诉我们说：后院的围墙好像不是那么高，我们可以翻出去。于是，他带着我们全班同学翻围墙出去吃夜宵。那时，6月天气特别热，我们学校离长江不远，这位老师还带着全班同学到长江去游泳、去嬉闹、去开心。他充分理解参加高考的学生，知道在学生心情如此紧张的情况之下，应该用什么样的方法让学生放松下来，继续去学习。

到了大学时代，我的老师很有名的就多了。有些老师大家可能也听说过，比如朱光潜老师、李赋宁老师，还有编了英语教材的周珊凤老师，都曾教过我。周山峰老师是我的班主任。还有英美诗歌研究专家黄世亮老师、翻译大家徐元春老师。北大的著名老师很多，这些老师严谨、踏实、认真，也给我带来了很多启发。而且北大的老师中，很大一部分都是从国外大学毕业回来的，有西方学术背景，像李赋宁老师就是耶鲁大学毕业回来的，会有意无意地给我们灌输很多外面的知识。

我之所以成为今天的我，是因为一些老师给我带来了比较大的影响，而这些老师几乎都有非常好的人文传统和知识结构，有对文学和语言的热爱，有非常严谨的作风。大家从这里可以看到，老师对学生的影响有多大。

从这个意义上来说，这也是我想对全体老师说的，作为老师我们可能自己还没有长大，还没有真正成熟，但仍要去反复思考，我们能给孩子们带来什么样的影响？给他们的人生、他们的发展、他们的思考、他们的学习带来什么影响？这是我们要反复思考的主题，是我们要去做的一件事情。

在北大当老师的感悟

每个人选择做老师都有自己的理由，包括新东方的几万名老师之所以选择当老师，也一定有自己的理由。我母亲的影响、英语老师的影响，以及 17 岁代过初中英语课的经历都给我带来了很大的影响。1978 年第一次高考完后,我就回到农村干活去了,相当于一边当拖拉机手在农田里干活,一边准备考试。这期间,我们大队一名初一的英语老师要回家生孩子。当时,整个大队包括公社都没有会外语的,而我当时考的是外语专业,虽然那年我英语只考了 33 分,但初中校长听说以后,还是来找我让我帮着上初中一年级的英语课。我说我的英语水平肯定是不够的,他说:没关系,因为我们整个大队连把 A、B、C、D 读完的人都没有,至少你已经参加高考了,而且初一从 A、B、C、D 教起,你肯定能教。于是,我就在 17 岁的时候变成了一个初中老师。

教学的这半年给我带来了很大的影响。一是我用这半年进一步复习高考,觉得自己应该能考上;二是我发现自己很喜欢跟小屁孩们打交道,尽管我当时也是个小屁孩,才 17 岁,相当于带着一群小弟弟、小妹妹学习。那时我根本就管不住学生,有时连椅子带学生一起扔到教室外面去,这样的情况都出现过。但是不管怎样,我觉得当老师还是一件很好玩的事。

我对老师这个职业一直心存敬仰,觉得老师身上那种知识分子形象和学者风范特别有魅力。其实,这也是咱们中国的传统。而且当老师,在那时也是跳出农门了。我也不愿意一辈子面朝黄土背朝天。所以,我当时唯一能想到的最好的职业肯定就是老师了。我从北大毕业的时候,有两个选择:一是当公务员,二是在北大当老师,也可以回江苏当老师。但当时我觉得,留在北大是最好的选择。

但是真的当老师之后,我就发现当老师是不容易的,尤其是在北大当老师,是一件超级不容易的事情。我发现自己面临三大难题。一是北大学生太聪明了，跟他们互动很难。讲课的时候讲着讲着，就会发现下面的同学冒出一句，而他讲的是我不知道的。而且讲着讲着，学生可能会说：老师，你讲的知识点是不对的。这对老师来说是非常丢面子的事情。

二是知识储备不够。当老师要有一个系统化的知识结构，不是说在大学东读点书、西读点书、东学一点、西学一点就可以了。学生可不会因为你会英语，把课文讲完就满足的。学生期待的是你能讲出更多课本之外的东西。这就需要你去锻炼，也促使我开始进行大量的阅读。

三是教学能力不够。因为我没有丰富的课堂教学经验，面临很多巨大的考验，比如如何把控学生的情绪、如何把控教学的节奏、如何能够通过自己的语言和表现来吸引学生的注意力，等等。其实，在北大教书的前两年，我是非常挣扎的。而且北大上课比较自由，是不用点名的，所以学生如果不喜欢你的课就不来了。在《中国合伙人》这部电影中，大家可以看到黄晓明扮演的成东青上课的时候，学生就只剩了几个，这在我讲课的时候真的出现过。

一个人，从没有当老师的经验到成为成熟的老师，一定要经过两三年的训练。当然，面对小学生、中学生、大学生，教学方法是不一样的。我先在北大当老师，又在新东方当老师，确实悟出了一些当老师的要点和道理。

第一，讲课要抓住重点。我发现在北大当老师，如果按照教科书讲，学生是不会听的，因为学生对教科书的理解比你还要快，他们可能在你讲之前，早就学会了教科书上的内容，甚至有的同学把涉及的知识点已经弄好了，所以这就要求你学会抓重点，就是把教科书中的重点全部抓出来，让学生感觉到你没浪费他们的时间。

第二，把这些重点简洁明了，最好还有幽默感地表达出来。这样能让学生感觉你说话不啰唆、有重点、表达清晰，能帮助学生很好地做笔记。

第三，扩展知识点。学生坐在教室里绝对不仅仅是要听你按部就班地讲某个知识点，你要根据这个点，扩展它的周边知识，使学生感觉到在这堂课学到了很新的东西，学到了原来不知道的东西，甚至是翻资料也读不到的东西。这个时候，你还要给学生整理一些补充阅读材料，给他们发下去。特别是对大学生来说，这一点非常重要。

不管是在初中代课，还是在北大教课，我跟学生的年龄差的都不是很大，都是差了四五岁的样子。这样的坏处是不能压住学生，但是也有好处，那就是很容易跟学生打成一片，比较容易跟学生交朋友。他们会跑到我的宿舍跟我一起聊天，跟我一起讨论书籍，甚至跟我一起吃饭。慢慢地，我跟学生的关系也变得更好。所以后来，我交到了一批学生朋友，有些到现在还是朋友。

后来，我从北大出来创办了新东方，最初就我一个人教书。我发现这跟在北大教书又是不一样的。为什么？因为在北大教书，你教得不好，最多是学生不来上课了，也不是那么紧迫。但是做了新东方以后，我是收了学生钱的，学生希望更快地学到他们想要学的东西，不要浪费他们的时间。所以从这个角度来说，新东方的学生更加"功利"，希望迅速地提升自己的学业水平。因此，我就要从非常"功利"的角度来考虑，用什么样的教学方法、什么样的教学内容能够迅速提高学生的水平。

在新东方，我摸索出了另外一套教学方法。第一个是快速教学法，就是把尽可能多的内容压缩在一起，用更加清晰的思路表达出来。第二个是幽默教学法，以非常幽默、充满激情的口吻给学生讲出来，这样能够抓住学生的注意力。第三个叫作激情激励法，通过讲述自己的人生、自己的追求、自己对知识的理解，把学生的学习热情激发出来。

当时，大部分学生都是要到美国去读书的。我就读了大量有关美国的历史、文化、大学的东西。尽管我那时还没有去过美国，但是把这些课外知识扩展给学生，他们自然更加愿意听我讲。因为他们都知道，当时的托福、GRE考试涉及美国历史、美国文化、美国地理的东西比较多。所以通过这样的训练，我加强了自己的上课能力，也提高了自己的讲课语速，就像后来大家听到的那样。

好老师应该有什么样的知识储备？

第一，具备自己所教学科范围内的知识结构。教学是从一个湖里舀出来一勺水，绝对不是自己只有一勺水。如果你只有一勺水，那你倒给学生的可能只有一滴水。所以从这个意义上来说，一个老师首先要建立好自己的知识储备。比如说你教语文，那就不能只把小学、中学的语文教科书读完，一定要读大量跟语文相关的东西。比如说要教鲁迅的文章，那你肯定要去读鲁迅的其他著作；涉及曹禺的文章，你要去读曹禺的其他著作；涉及巴金，那就要把巴金的《家》《春》《秋》读完。总而言之，对于教课过程中涉及的知识点，你的知识储备必须是扩大的。再用刚才我的比喻，就是你必须把自己的知识容量扩大到一个湖，因为海太广阔了，有点不好实现，但变成一个湖总是可以的。从湖里把一勺水舀出来给学生,这样你才会做得更好,也会显得你功底深厚。

第二,除了专业领域的知识,还需要储备多个领域的基本知识。比如说我教英语,知识点主要是语法、词汇、听说读写。英语难道真的是以这些知识为中心?显然不是。要想教好英语课,还要涉及英语背后的文化和历史。语言不仅仅是一门语言,还会涉及其他领域的知识,比如说历史、哲学、经济、政治、社会学、心理学,甚至包括人类学等,这些都要有。当然,教文科也要具备基本的科学知识,这点中国老师基本上都没有太大的问题。因为大部分人很多学科都一直学到了高中,所以基本的数学、物理、化学、生物学知识还是有的。

那同理,教理科的老师也要具备一定的文科知识,懂些历史、哲学、经济等知识,也是很重要的。因为知识是不分家的。亚里士多德就既是科学家,又是哲学家、历史学家;达·芬奇是一个画家,同时又是科学家,甚至还是个文学家;爱因斯坦也是一样,不仅是个物理学家,对历史和哲学也非常有研究,还是个小提琴手。总而言之,作为一个老师,你的知识面越广,上课的时候发挥的余地越大,给学生的教育和启发就会越多。

第三,掌握点心理学和家庭教育方面的知识。当老师的过程就是了解学生的心理,包括了解家长的心理的过程,也是指导家长如何教育孩子的过程。如果老师不了解心理学,意味着对学生和家长都不了解。不了解家庭教育的内容,那如何指导家长呢?当然,有些老师还没当父母。但没当过父母,不等于不能拥有家庭教育的知识。这些知识可以从实践中得来,也可以通过学习获得。

儿童心理学、社会心理学、积极心理学,这些老师都要去学习。有人问：如何鼓励学生呢？我觉得老师需要学积极心理学，比如美国哈佛大学教授塔尔在网易公开课中的积极心理学教程，我要求新东方的老师去听。这些东西学了以后，不光是对教孩子、与家长打交道有好处，而且十分有利于老师的自我成长。

第四，要有正确的三观。也就是说，人生观、世界观和价值观一定要正确。因为如果老师三观不正确的话，就会传播错误的知识，甚至传播错误的价值观给学生，对学生会有巨大的负面影响。三观不正确的人是绝对不能当老师的，因为他在害人。

第五，当老师，也要有个性储备。什么叫个性储备呢？从出生那刻起，每个人的个性都是不一样的，有的人很外向，有的人很内向，有的人很消极，有的人很积极。那当老师应该有什么样的个性？我做了一些总结。

首先，必须是一个喜欢表达，而且有表达能力的人。也就是说，你应该是一个喜欢教读的人，并且在教读过程中能抓住重点。在跟人聊天、表达的时候，别人愿意听你说。这点其实是需要训练的。比方说大声读书，读自己最喜欢的那些章节，就像我在初中的时候读了两年报纸，大声朗读给全班同学听的那种感觉。在会表达的基础上，你要学会演讲，对着其他人讲一个主题，把你的思想表达出来，讲多了你慢慢就能抓住主题。然后，学会与人争论或者辩论，这也能够使你的语言变得更加犀利，更好地把自己的思想传递给学生。

其次，必须是一个积极乐观向上的人，至少在人前必须是一个会管理情绪的人。为什么我强调这点？我们常常说人是有能量的，这个能量你看不见，但是能感觉到。生活中，一个积极乐观向上的人很自然地能影响周围一批人，这些人的心情也会愉悦起来、积极起来。但是遇到一个郁闷的人、一个负能量的人，我们的心情马上也会有些低落。试想，面对一个同事，他总是拉着脸，你的能量是不是马上就会下降？如果这个同事总是笑嘻嘻的，你的能量是不是会迅速上升？所以走进教室，几十个学生坐在那儿等老师，如果老师带着负能量进去，那学生也会感到压抑，压抑的不仅是他们的情绪，还有他们的想象力、他们的活跃度，甚至他们对学习的渴望。

最后，必须是一个对自己的未来有追求的人。为什么这一点也很重要呢？因为如果一个人对自己的未来没有追求的话，就不会那么努力。老师是帮助学生的，不管是小学生，还是中学生、大学生，帮他们去追求自己的理想，追求未来的道路。如果老师都没有理想，对现实比较失望，又怎么可能帮助学生去追求理想？

具备了当老师的个性以后，我们来看看具体怎样做才能成为好老师。

我在前面讲我在北大当老师的经历时，把当好老师的步骤也说了一些，包括对所教内容的精熟和融会贯通等，但还有一些具体的方法和技巧。

第一，观摩顶级的老师上课，看他们是怎么上的，为什么能吸引学生的注意力，受到那么多人欢迎，他们是怎么备课的，怎么表达的，是怎么组织语言的，怎么掌控学生情绪的，和学生之间是怎么进行交流的。你只有先模仿大师才能靠近大师。所以对老师来说，教学很像绘画或练毛笔字。你首先得临摹、描红，慢慢才能够独立把画画好、把字写好。

第二，要反复训练自己在规定时间内讲完内容的能力。当老师一开始最大的一个毛病就是把握不了节奏，该讲的内容没有讲，不该讲的内容啰唆了半天，结果发现一堂课45分钟或者两小时过去了，该讲的内容只讲了一半或者一半都不到。这意味着你把控课堂和把控课堂内容的能力不够，是要命的。这样学生学不到东西，慢慢也会不喜欢你。

要请优秀老师听你试讲，不断指出你的问题，就像新东方现在内部所说的磨课，有人不断地说你、不断地批评你、不断地告诉你哪儿讲得不好，不断地给你纠正，你就会知道自己的问题在哪里，就会慢慢改掉这些问题，提升自己的水平。当然指出问题的这个老师水平要够，否则可能把你带歪了，把好习惯给你纠正了，而把坏习惯放在那里，那就很麻烦。

第三，要克服面对学生的各种心理问题。一个老师，从新手到成熟的过程，其实就是心理舒适度不断发展的过程：刚开始看到学生紧张、手足无措，学生提问就不知道怎么回答，或者学生指出哪道题目讲错了就面红耳赤，到最后变得所有东西都应付自如，能够掌控局面。经历了这个过程，再走进教室的时候，就没有了紧张，而且心生喜悦，能够清楚明白地知道学生提出的任何问题。

有的老师掌控不了学生，摔话筒、不高兴等，这些都属于失控的行为。所以老师要训练自己的控场能力、提问能力和自问自答的能力。这样学生才能跟着你的思路走，跟着你的行为走，而不是你被学生牵着鼻子走。

第四，老师要能激发学生的学习热情。如果你无法吸引学生的注意力，那学生不可能对学习感兴趣。但是光激发学生的学习兴趣还不够，还要激发他们的学习热情，让他们回到家以后，依然愿意沿着你讲课的思路往前学，或者去复习你讲的内容。这就是激发了他们的学习热情，那么孩子的这门课也一定能够学好。对于一个学生来说，老师把知识灌输给他是不管用的，即使灌输进去了，可能很快就忘了。对学生而言，重要的是激发他们的学习热情，点燃他们内心的火焰。这样学生才可能勇往直前，保持长时间的学习热情。

一个合格的老师，一定不仅仅在课堂上的几十分钟或者几个小时对学生产生影响，还会对学生的人生产生更重大的影响。

做到上面我说的这些，学生们才会认可你、喜欢你，家长才会把孩子放心地交给你。

希望所有的老师，都能够成为对孩子产生有益影响的好老师。

我在疫情期间的人生思考

疫情，实际上是老天给了我们这样一段时间，让我们来认真反思或者思考自己的人生和每天过的日子。有的人思考到最后觉得很郁闷，有的人思考到最后豁然开朗了，每个人对事情的理解可能都是不一样的。接下来，我将从几个方面来分享我的思考。

疫情下的新东方

疫情期间，我没有闲着。新东方在疫情期间做得还是相当不错的，一方面积极支持抗疫，一方面努力进行企业自救，总之，算是获得了比较平稳的发展。新东方的100多万学员，再加上接近1000万的免费学员，通过在线的方式接受了新东方的这种努力。这实际上主要来自三方面的原因。一是新东方在过去很长的岁月中积累了客户的信任度。大家都知道，朋友之间互相信任，事情就比较好办，客户与企业存在信任，生意也比较好做；你跟你的合作商互相信任的话，就能比较好地推动业务的合作。新东方面对几百万的家长和学生，他们信任新东方，不会因为遇到了一个突然性的事情就全面放弃新东方。所以尽管随着疫情的发展，所有学生从线下搬到了线上，但是由于客户的信任度和黏性还在，新东方在这一过程中丢失的学生其实非常少。很多家长因为家里没有设备，实在没法上网课，所以退班，这些人加起来连10%都不到。这样的话，新东方实际上是非常平稳地从线下转到了线上。

二是尽管新东方传统上对于高科技的重视远远不够，但是在过去一年多的时间里，一直在建设自己的教学平台——云教室。云教室在疫情开始的时候，没有办法支撑100多万学生在线学习，但是由于新东方日夜奋斗，用了不到一个星期的时间，就把这个只能承载几万个学生的平台，扩展到了能够承载100多万学生学习的平台。尽管中间也被黑客攻击了一下，但是整体来说没有问题，这一次也真正让我体会到了提前做准备的重要性。最初做这个平台，我们并没有想着它在疫情中发挥作用，等到做好以后才发现，就像一发生战争你就有导弹一样，虽然开始造的时候可能100年都用不上。但有导弹这件事情本身非常重要，因为万一要用的时候，你打的是有准备之仗。而对一个企业来说，核心的技术平台一定要自己研发，如果不自己研发的话，就被卡住脖子，最后可能就是整个系统崩溃。我后来想，如果新东方没有自己的云教室直播平台的话，那这一次新东方迎来的可能就是大崩盘，可能从此以后都起不来了。

三是新东方的企业文化。新东方的人平时很自由，不管老师、员工、管理者对新东方都可以随便吐槽，而且他们都知道吐槽也没什么后果。2019年新东方年会上员工讽刺新东方的视频在网上走红就是一个例子。员工能够这样公开批评企业，而且还没有任何后果，这确实是新东方的一种文化。这种文化也意味着新东方的员工喜欢新东方的包容度,对新东方有一种感情上的寄托。一个人在宽容的环境中工作久了,尽管对这个环境有不满意,可是让他选择的时候,他依然会选择这里。因为这样宽容的环境能够让他在有气的时候消消气,可以舒心一下。另一个好处是,真的遇到危机时,大家团结的力量会非常大。需要每人搭把手的时候,大家会一改往日那种散漫的状态,显现出非常明显的团结力量。所以,我还是蛮喜欢新东方的这种文化的,也允许员工平时对新东方吐槽而且不受惩罚。在最关键的时候,8万员工和老师是万众一心、毫不犹豫地共同奋斗,渡过难关,我很感谢新东方的员工和老师们。

所以疫情期间,我不光没有给员工降薪,没有大规模裁员,还给大家保持了薪酬、奖金和奖励。因为我觉得在这个关键时刻,团结奋斗才是最重要的。一个企业遇到危机时,做到这三点就应该能够渡过。

企业应如何看待危机

这次疫情也让我思考,一个企业应该如何看待危机。我觉得这个问题也比较容易回答。

第一,危机总是以你想不到的方式来临,你能想到的危机,并且平时都做好了准备,那就不叫危机,最多是挑战,是投入资源的升级。而这次的疫情危机,来临的时候谁都没有料到,刚开始全中国突然就近乎停摆,后来全世界都在面临疫情的影响和考验。在这一点上,我觉得我的保守个性还是起了作用的,我一直觉得家有余粮非常重要。2003年非典疫情之后,我在新东方就提出一个要求,新东方账上的钱必须足够把学生的学费全部退掉，并且把员工的工资全部发放，这个时候倒闭我不欠人一分钱。这就是我对新东方账上余粮的要求。所以这一次危机来临以后，新东方有足够的余粮来对付危机。说得极端一点，就算新东方像2003年非典一样全部停摆两个月，依然可以给员工发工资。现在流行的借钱度日或者杠杆原理，对我来说，在新东方都是不大管用的。在新东方，我要的就是一种保险，这点对我来说比较重要。

第二，学会如何在危机中避开危险，寻找机会。这一点也很重要。危机来了以后，大家首先是恐惧，恐惧以后会本能地躲避。但是大家也要问自己：在这个危机中能找到新的机会吗？所谓的危机，实际上是危险加机会，对不对？于是在这个过程中，我开始寻找新东方的机会。

我觉得新东方在这次疫情中找到了几个机会。第一个是我要求新东方春季班的在线课程全部免费。其实大部分在线机构的课程都是收费的，全部免费的话，新东方的现金损失就接近1亿元。但是，这样可以为3000万家长和孩子提供服务，在扩大新东方客户端基础的同时，把新东方在线的教学内容展示给全国人民看。更重要的是，免费以后，新东方能对农村和山区的上百万学生提供这样的教学资源和服务，同时也做了很好的公益活动。我相信，疫情过去以后，新东方在线的量和规模未必没有这样的机会，但如果靠一点一点做广告、靠努力来发展的话，达到这样的量和规模需要1~2年的时间。

第二个机会，新东方原来想提升科技水平和系统水平，但遇到很大的阻力，因为大家都在传统的路径上拼命往前走，很多人还因为传统路径上有自己的利益，不愿意放弃。这次疫情，一下子把新东方的线下系统打碎了，全部移到了线上，而这必须要有科技水平和技术做支撑。那么毫无疑问，这变成了一个大家不得不响应的事情。于是新东方在两个月中，在科技上花了比原来多好几倍的钱，抓住这个机会迅速推进科技现代化。

第三个机会，新东方迅速地利用这段时间培训员工和老师。新东方的员工和老师大概有8万人。在这两个月中，新东方内部给他们上的视频课加起来有上百个小时，迅速地提高了他们的水平。

第四个机会，所有的家长、孩子都在平台上上课，新东方为加强家长和孩子的沟通，在线上给他们推送对孩子素质教育和对家庭教育发展很重要的主题和话题，这样的推送赢得了更多家长和孩子的信任。

所以做任何事情，你都要知道，危险中也会有机会，个人也是这样。我前文也跟大家说过，我在大学三年级的时候得了肺结核，住在医院一年。这导致我没法上学了，跟同学们分开了，身体又有病，都是不利的因素，但是这也给我带来了一个有利的因素，就是我在这期间看了很多书，背了很多单词，把自己的水平提高了一截。所以我也是在个人得了病的危险中，找到了自己未来发展的机会。

做事的三个标准

一个人做事的时候，有什么标准吗？我觉得做事需要思考的就是怎样才能做得更好。

在生活中，我觉得我们要做点事，不能无所事事。哪怕你家庭条件很好，不努力也能活下去，也要找些事做。大家看网上，个别富二代专门去做违法的事，就因为他觉得好玩，活得实在没劲了。所以，人生在世最重要的还是要做事情。

但做事也要有做事的标准，做事的三个标准比较简单，我在前面也提到过。第一个标准就是做自己喜欢的事；第二个标准是，你做的事能够帮助到别人，或者说得大一点，能够推动社会的进步；第三个标准是能够挣钱，可以挣大钱，也可以挣小钱，但你要能够养活自己。如果你还想成家立业的话，那你还需要养活家庭，我觉得这就是我们做事情要遵循的三个标准。

在做事业的基础上，我们自娱自乐地做事情和雄心勃勃地做事情，其实是没有什么高低之分的。有的人天生就有雄心壮志，比如项羽看到秦始皇出巡，说"彼可取而代之也"，这是建立一个国家的雄心壮志。但是我们也可以小打小闹，比如说你就喜欢弹吉他，喜欢在路边给人唱歌，觉得也很开心；或者说就喜欢在家里搞点翻译，出本书也很开心。所以做事情的判断标准，不是每个人都要有雄心壮志，而是根据自己的能量和能力来决定的。有的人天生能量好，比如基因好、有精力、充满活力，不做事难受，那就多做点。

但只有能量还不够，你还要不断提升自己的能力。所以你在能量和能力提升的过程中，会慢慢把事情做大。就像我进了北大，觉得我的能力可以当北大的老师，就留在北大当了老师；再后来，我觉得能量提升了，不当老师也是可以的；出来做了新东方以后，我发现我的能量和能力可以进一步发挥。我发现，能力是一个不断交替提升的过程。你做事情能力提升了以后，可以再多做一点，然后能力又提升，再多做一点，能力又提升……这是一个上升的过程。

但不管你是一个人做事情，还是雄心勃勃地带了一大帮人去做事情，我觉得基本的标准就是不能做害别人的或者有害社会的事，而且还要做对别人有好处、对社会有好处的事情。有些人能量很大，比如希特勒，把整个世界拖入了战争中，最后既害了整个世界，也把自己给害死了，这样的事情是不能做的。还有就是，大家不要去做自己能力和能量够不着的事情，看到别人做了很好的事情，但自己够不着，却偏要去够，这样未必有好结果。就像你看到别人爬上了珠穆朗玛峰，明明自己的体质根本就上不去，可你非要去爬，这样的话可能会对你带来伤害。

我们中国有个成语叫作"德不配位"，就是一个人的道德水平如果达不到他所在的高位的话，那么这个人到了高位上一定会遇到灾祸。我们也可以从这个成语引申出"能不配位",如果你的能力达不到你想要做的那件事情的要求,最后失败的可能性就会很大。所以我觉得每个人都要根据自己的能量和能力来决定自己到底应该怎么过。否则很容易不断地遭遇失败,不断地遇到挫折,而且到最后还可能迷失自我。

人生的能力和能量是一个交替上升的过程,在某种意义上,人生就是一个积累和释放的过程,年轻时候上大学多积累,大学毕业以后就可以不断释放,然后再积累、再释放。比如我在北大学习的5年,不断地学习,不断地积累,没有释放的机会;在北大当了老师以后,我就开始释放了,但释放的过程中我发现自己的知识远远不够。面对北大这些学生机灵的脑袋,如果自己的知识水平超不过他们的话,很快就会被他们抛弃,所以我就加紧读书。可以说我从北大毕业以后,读书的紧迫感远远大于学生时代,这就是我在读书教学的过程中不断地交替长进。做了新东方以后,我的能力又进一步得到了提升,比如说:原来我没有管理能力,后来学会了管理;原来我跟人打交道的能力不太好,后来慢慢学会跟人打交道的能力;原来我没有很好的决断能力,但是有了一堆人跟着我干,我就必须要有决断的能力。这就是一个不断提升的过程。人的一生,如果只积累不释放,那么你的价值就得不到体现,但是如果只释放不积累,那最后你会空空如也。

现实中,有一些中小学老师,一年都不读三五本书,而且一年又一年,一辈子就教那一点东西,把教科书上的内容不断重复,最后自己就被掏空了,知识面很狭窄,也没有能力把先进的知识给大家讲好。这是他们光释放没有积累的结果。所以,我们一辈子,不管做什么工作,一定是一个不断积累释放的过程。很多人问我:俞老师,你为什么到现在还每年读那么多书？我想我要不读书的话，就变成了纯粹的释放，那到最后我就没有东西了。

这跟年龄没关系，"老当益壮，宁移白首之心；穷且益坚，不坠青云之志"。不管怎样，不管我们年纪多大，都要不断地让自己变得更好。因为我们无法预测未来有什么机会是需要我们一次大能量释放的。如果我们没有做好准备的话，那这个机会就永远不是我们的了。做好了大能量释放的准备以后，我们等着这个机会来临就可以了。

做事情、事业还有三种境界，第一种境界是简单事情简单做，第二种境界是复杂事情复杂做，第三种境界是复杂事情简单做。这些我们之前也讲过一点。

当然在这三种境界中，我们要做到的就是会泻火，复杂的事情简单做。这其实有一个前提条件，就是你的心必须简单，不是头脑简单。我说的人心简单，其实指的是我们的眼光、胸怀、气度、能力和格局能够做到闲看庭前花开花落，漫随天外云卷云舒的状态。当然想达到这种状态，我们需要不断修炼，如果修炼不到这种状态，那么就只能复杂事情复杂做，就永远做不出大事来了。所以复杂事情简单做，其实是一件不容易的事情，因为你要把复杂事情简化，最后做到百毒不侵，让自己像有了一个金钟罩一样，能挡住各方向射来的明枪暗箭。这也是我在做新东方过程中的一个重要感悟。

最初新东方只有20多个员工和老师，我完全陷入了这种焦虑和烦躁的状态，觉得根本没办法管理这些人。现在新东方有8万名员工和老师，还有其他管理者跟我一起共同奋战，我反而每天有时间写老俞日记，还能够到世界各地去旅行。这个过程，其实就是一个提升自己的过程，不知不觉提升了自己的能力、气度和格局。我觉得这样的提升过程可以使人生不断变得有意义。

我用八个字来总结就是：桃花虽好，不如莲花。桃花是在干干净净的树枝上开出来的，而且让人一看就是一束灿烂，感觉到人生美好。但是我更喜欢莲花，出淤泥而不染，在水底下、在烂泥巴中间被压着、闷着，一点一点长出来，最后冲破水面，开花，开满一池，十里飘香。我觉得这是我们做人应该有的一种境界。

这场疫情，未来回过头来看的时候，也许值得我们重新思考的东西很多。所以我从 2020 年 1 月 29 日开始一直写疫情日记，记录我的思考，然后发出来跟大家分享。每天有几万人读我的日记，前后加起来累计阅读人数有 1000 万以上。这也是我个人对疫情的主观思考和判断。同时我也写了不少笔记、老俞闲话，这是我写的对外公开的思考笔记之一。我主要在三个方面做了比较认真的思考。第一个是我的工作，未来到底应该怎么做。新东方的工作哪些对我来说是真的重要，哪些其实不应该再去做，对我的人生而言，有哪些该做的事情，哪些不该做的事情。第二个是我的人生，我已经 58 岁了，假如到 80 岁我还能走路、思路清晰的话，其实也就只有 20 年了。这 20 年我应该怎么过？是一直做新东方，还是到全世界旅游，还是读书，或者写作？到底应该怎么做，对我来说真的是非常重要。所以在疫情期间，我做了很多对于工作的思考、对于人生的思考、对于生命的思考。我还读了好几部佛经著作，听钱文忠的《佛教十三经》，自己也翻译了一下《六祖坛经》，还背了《心经》、读了《金刚经》，等等，都是为了对生命有一个更好的了解和体悟。当然，这不是一下子能够想通想透的，但是想总比不想要好。第三个是亲情关系。

因为我妈现在得了阿尔茨海默病，已经基本上不认识我了。但是我觉得每天陪着老太太，跟她有一搭无一搭地聊聊天，推着她散步，作为儿子，难得有这样的机会，有去孝顺的时间。我也会思考跟儿子在一起的时间。我儿子上高三时，天天忙着学习准备考试，总算有这样一个机会，可以24小时跟孩子在一起，陪陪他，聊聊他的人生，聊聊他的作业，给他讲讲我对一些新事物的看法，陪他打篮球。

这场疫情让我们知道生命无常，知道缘起性空，我们依然还要热爱生命，因为我觉得在这个世界上，热爱生命是我们人类唯一的出路。

现在，新东方更多的关注点就是如何帮助农村和山区的孩子们获得更好的教育体系，等等。这些东西依然还在给我带来名利，却也是我所遵循的原则，把自己喜欢做的事情、自己觉得有意义的事情作为自己的奋斗目标。如果你足够聪明的话，这样的目标一定也能让你收获名利。但是如果光为了利益去做事情，人往往会误入歧途。

在做一件事情的时候，我会反问自己：是为了自己的利益在做事情，为了自己的名声在做事情，还是为了别的什么在做事情？包括这一次我写疫情日记。当然，也有一点点对名利的考虑，因为自己写的内容有人看了点赞，自己会很喜欢，这是人之常情；而且如果写好了，还可能出版，进而又能把这种记录进一步扩散；等等。但是我思考的点真的不在这儿。我真正想的是把自己的感悟、思想，或者观点，写出来与大家分享。我并不是要试图去改变别人，别人也不会因为看了我的文章、听了我的演讲就改变自己的人生。其实，我们自己也搞不清，别人因为我们进行的改变到底对他有好处还是坏处。我只是想跟大家做一个交流，觉得交流至少是打通了人与人之间的信息渠道，也打通了人与人之间的情感渠道。因为我觉得人虽然是社会动物，但本身是孤单的，而这样的连接，也许能让我们感觉到人间多一些温情。

总结一下就是，千万不要为了自己的名利做事情，至于附带有了名利，那没有关系，但你做事情应该处于一种更加自在、自由的状态。

未来社会发展，根本在教育

问大家一个问题，什么能够保证中国的可持续发展？我认为只有两个字，就是教育。所以，百年以后新东方一定还会在。我始终认为只有教育能够保持民族长久的兴旺和发展。我们今天都在谈论以色列、谈论美国，因为这两个国家在创新方面一直处于世界领先地位。但实际上，并不是以色列人就有多么聪明，美国人有多么聪明，最重要的是他们的教育。世界大学前100位，美国占到了60位以上；以色列人平均每年的读书数量是65本，而咱们中国平均每人每年的读书数量只有1.5本。所以对比之下我们会发现，只有教育能够真正把中国从现在粗放式的经济繁荣推向未来更加长久的繁荣、稳定和发展。

教育的目的是什么？

我认为教育的目的，就是要开启一个民族的智慧和长久发展之道。今天，我们社会中的浮躁、假货、欺骗、贪污、腐败、碰瓷等行为，尽管其背后有各种各样的因素，但我认为教育的缺失必须承担某种非常重要的责任。

儒家思想一直是我国封建社会的主流思想，中间的核心思想，比如"礼义仁智信，温良恭俭让"，包括中庸等，确实培养了中国一个非常核心的阶层，这个阶层我们可以把它叫作知识分子阶层。在古代，它被叫作士大夫阶层。这个阶层从上到下都是非常受人尊重的，所以创造了中国2000年的坚实的道德价值体系。这个道德价值体系使得我们能够不断传承和发展。

我们今天的道德价值体系已经不再和儒家的整个体系完全一致了，但是我相信儒家文化的一部分，在今天的社会依然管用。面向全球化，我们需要的是新的可以带动全国人民长久持续发展的核心价值观。而这个核心价值观，我们党已经做了非常明确的陈述，就是二十四字的社会主义核心价值观，即：富强、民主、文明、和谐、自由、平等、公正、法治、爱国、敬业、诚信、友善。

一个国家的核心价值观不能只是一句口号，必须以制度、行动和教育来支持和支撑。在过去的几十年，有些人违背了我们的价值观做事，给国家带来了严重后果。

下面，我重点说一下教育领域。在中国，教育一直是一个狭隘的概念，很多人一直认为教育就是教学生认字，教学生做题，学习科学知识。但是实际上，教育最重要的是培养学生正确的价值体系和独立的人格。教育最重要的核心，我认为是培养学生的良知、理性、判断力、独立思考的能力、精神自由以及人格独立，这些都必须成为未来中国教育长期的核心内容。我认为创新能力和创造能力，更多来自基础思维模式所奠定的基础。就我前面说的，如果一个人是在有良知、有理性、有判断力、有精神、独立的状态下培养出来的，那他的基础思维能力中一定具备创新和创造能力，一定不是仅靠学科技知识带动出来的。

我们中国学生高中毕业的时候，数学、物理、化学的知识储备要远远高于其他国家的学生。以数学为例，中国任何一个高中的学生，哪怕是最后一名的学生，跟美国的普通高中生去比，可能都要强好多。但是全世界排名前100位的数学家，好像没有中国的，而美国好像有80多位。所以我觉得，中国的教育如果再把知识本身作为核心内容，一定不利于未来的发展，不管出多少个马云、郭广昌都不会改变这一困境。中国现有教育中死记硬背的模式，在现代意义上已经是一个过去时，已经没有意义了。

我儿子14岁时，我不论跟他讲什么，他都说你根本就不用给我讲，我用谷歌随便一搜，比你讲的好得多。当可以用谷歌、百度搜出任何基础信息和知识的时候，我们还在教学生去背诵这些知识，而不是教他们思维模式和思维方法，不是教他们人格能力和开拓能力，是非常可悲的。

技术之于未来

新的学习工具和学习手段的出现，不仅能够提高教育的效率、扩大教育的范围，而且能够推动一个社会从根本上改变。教育的发展，从我们发明的印刷术开始，到电视、互联网、移动互联网的出现，最后带来的都是社会革命。

大家可以思考一下，文艺复兴是怎么来的？文艺复兴是建立在印刷术革命基础上的思想变革。在印刷术出现之前,只有教士手里有手抄本《圣经》,并且只有他们有解释权。当印刷术使得印刷成千上万本《圣经》成为可能的时候,老百姓终于可以自己读《圣经》,自己解读《圣经》了。中世纪时,人们只听说过亚里士多德、柏拉图的名字,从来没有读过他们的著作。印刷术使每个人都可以读到他们的著作,进而引起人们的思想变革,文艺复兴开始出现。

欧洲后来出现了一大批伟大的人物,直到莎士比亚。从这个角度来说,我认为,今天的移动互联网是在印刷术出现以后,给全球带来的一次真正的教育革命和无边界的教育内容的传递。它是一种从下到上的变革,不是从上到下的要求,会给教育带来巨大的活力和希望。我们中国人特别习惯于从上到下,那面对现实,我们应该做什么来从下到上引起这样一场润物细无声的改革?

我认为中国的上一次深层次改革来自经济领域。在国家政策支持下,民间力量推动了中国经济的发展。我记得20世纪80年代,"万元户"的出现,就是一个经济的试点。

当年,雇用人数超过8个人的企业到底算不算资本主义这点,还引起过讨论。中国的民营经济像野草一样,成长为中国经济发展的重要力量。我认为,未来中国的教育领域也一定会发生一轮改革。我曾做过一件很好玩的事情,10天240个小时全程直播。我做了新东方历史上所谓的梦想之旅。梦想之旅,就是我每年都要带着新东方的一些讲师,还有我的一些朋友,到全国的10个二三线城市,对那儿的大学生和中学生进行励志演讲,让他们感受整个社会变革带来的意义,告诉他们怎么样走出中小城市、走向世界。

我自己每年做的演讲是 20 场到 30 场，受众最多有 20 万，每次我去演讲有 5000 名到 1 万名学生来听。这一次我做了全程直播，从我早上起来回答网友的问题到演讲现场，再到一路上我开车、吃饭都在直播。有人说我想当网红，其实不是，我想体验一下，现代移动互联技术是不是可以随时随地保证人的交流沟通。而最后的结果是惊人的：600 万人在线观看，网络弹幕等互动信息接近 1500 万，关注人数超过 1 亿。你可以想象，在这样一种情况下，如果把内容做好了，会给整个中国的教育带来一种什么样的影响？

现在所谓的网红时代、娱乐时代，各种直播软件都充斥着唱歌跳舞，甚至奇奇怪怪的内容。但我认为，这是走向未来的一条必经之路。我认为它带来的不只是娱乐，因为娱乐的时代必将过去，留下的是可以深刻延伸的中国价值体系的改革和教育的改革。

我们已经可以看到，这一潮流已成必然。想要违反这一规律，肯定是行不通的。我们可以看到移动互联网给中国带来的影响。

放眼中国教育的未来 10 年，我认为一个非常重要的现象就是民间教育的发展和技术在其中的应用一定会成为主流。我认为虽然面对中小学的基础教育，即义务教育，以及基本的高等教育，还是由国家来完成，但民间教育也能发挥重要的引领作用。

举个简单的例子。马云的湖畔大学，还有我们一起做的土士学习联盟，未来会变得势不可当。

有一个消息说，EMBA（高级管理人员工商管理硕士）要经过考试才能上，我觉得这是公办教育的"弊端"，实际上我们更加欢迎像湖畔大学和土士学习联盟这样民间的、有效的、接地气的教育体系。比如新东方这样的机构，每年投入互联网智能教育和传统教育结合的资金已经有5亿元人民币以上。而任何一个研究部门，都不可能投入这么多资金。政府也意识到，在教育上大包大揽一定不是长久之计。2020年的政府工作报告中，提到支持和规范民办教育，也很振奋人心。

中国需要农业，也需要智能硬件等高科技，需要投资，这些对未来中国10年的发展非常重要。但是请记住，百年后中国的昌盛，一定是教育带来的结果，一定是我们这个民族变得更加智慧、理性、正直、独立、创新。

（以上内容来自作者在中国绿公司年会"十人看十年"上的演讲）

疫情之下的教育：未来社会的机遇与挑战

从"疫情日记"说起

疫情期间，我在自己的公众号上记录我的"老俞疫情日记"，也得到了很多人的关注。我是一个喜欢用文字来记录发生的事情的人，但并没有打算让自己变成一个散文家、文学家，或者敏锐的媒体记录人。我自己的生存状态、生命状态更多是关注新东方的发展。因为新东方在做教育，每年面对几百万的学生和上千万的家长，这些孩子的成长、身心的健康，以及成绩的提升，是我们最关注的话题，也是我工作和生命的重心。新东方最初只有13个学生，而现在新东方在中国已经对许许多多家庭和孩子的成长产生了比较巨大的影响力，所以我真的是如履薄冰的感觉，唯恐新东方的哪位老师或者哪个教育架构没有弄好，给孩子、家长带来比较大的负面影响。

在"老俞疫情日记"中，我主要写以下几个方面的内容。

第一，对疫情尽可能客观地记录。从最初武汉封城开始，到全国人民经历的心态上的波动，到大家一心一意抗击疫情，武汉从疫情困境中走出来，全国的医务人员万众一心共同抗击疫情。新东方也关注着这个过程，同时也提供一些公益服务，捐了两千多万元，也捐了价值1亿多元的课程，为全国医护人员的子女提供半年免费的教学服务，还做了大量的电子资料的搜集工作，把这些电子资料，不管是绘本还是英语学习资料，免费散发给全国的孩子们，以及成年人、大学生，这是我们在努力做的事情。根据疫情，作为老百姓，我们能做什么，这是我们要去考虑的。

第二，记录我的日常工作和日常生活。网友常常问：你们这些号称中国的大企业家的人到底在做什么？其实我们做的也很平常，吃饭、睡觉、思考怎么样度过这段时期，帮助企业渡过难关，并且在力所能及的范围内对抗击疫情提供可能的帮助。我们有一个微信群，几乎所有著名的企业家都在这个群里，大家都在为控制疫情尽力。其实，中国很多企业都在造口罩、呼吸机、防护服，有钱出钱、有力出力。后来疫情大流行，新东方也购买了一批中国制造的口罩和防护服送到国外去，这是我们做的事情。我想用比较平常的心态，让网友们知道，这些企业家其实也在过着正常的生活，也在为抗击疫情做自己力所能及的努力，也是吃饭、睡觉，也有情绪的波动，有焦虑、难受、悲伤、悲痛的时候，也有奋发的时候，还有共同努力的时候。

另外，我也想通过我的"老俞疫情日记"向大家传递一种信心，灾难总会过去，而当人类面临灾难的时候，最重要的是大家团结一致、齐心协力，一起抗击灾难，尽快地渡过难关。这个时候，人民、政府要齐心协力，既要防范更大的问题发生，又要一起发挥正能量。所以，我最开心的就是网友给我留言说：俞老师，读完你的"老俞疫情日记"，我心里感到平静多了，有更多的耐心等待灾难过去。

同时，我的"老俞疫情日记"也在更多地号召大家，面对一些敌意和误解，在灾难面前还是要尽可能释放我们的善意，因为这是世界共同渡过难关的时刻。

我觉得目前最重要的是，尽快让这场灾难结束，让世界回到正常轨道。这对全世界的发展都是有利的。

今天，几百万中国孩子在国外接受国际教育，这其实是一个互惠互利的过程。一方面有更多的中国人去学习，国际教育得到了很大的丰富和发展，各个国家的大学、中学对中国学生也很欢迎；另一方面，我们中国孩子走出去，更多地了解世界知识，扩大了眼界，能在未来为自己、家庭以及祖国做更大的贡献。

我觉得现在在世界平台上，大家要把眼光和胸怀放宽，不要表达过分的民族主义的愤怒，以及狭隘的互相对抗的思维，我觉得这点是非常重要的。我们可能没法避免别人的恶意，但是可以从自身做起，做得更加到位。我相信这么一个危急时刻，也会是中国和中国人民在世界面前树立自己形象的好机会。

中国在国内疫情基本控制之后，已经向很多国家和地区提供了各方面的物资，包括人员上的支持和服务，我觉得这特别了不起，这就是大国风范。

面对疫情这种突发事件,我们应该保持什么样的心态?

从大的方面来说,我觉得对于任何一个国家来说,首先是让老百姓能够更有耐心地、心平气和地待在家里,就像中国前期抗疫一样,其实中国人民真的非常配合,和政府齐心来做这件事情。很明显,我们的抗疫已经取得了阶段性的、甚至在某种意义上可以说决定性的胜利了。现在,我觉得在世界范围内,一些国家都在学中国的经验,要求老百姓尽量待在家里,在家里做事情、在家里学习,有的国家已经提出政府会给家庭一些补助。因为外国人和中国人不一样,中国大部分家庭都有一定的存款,还可以支撑一下,即使这样中国也有家庭出现经济困难的情况。而外国人大部分都是贷款消费,没存款。有几个国家现在做得还不错,给老百姓发生活费,我觉得这样至少这个国家不会乱,如果国家乱了,老百姓没有生活资源,到马路上去抢东西,就麻烦了。

对于中国留学生来说,如果已经回到国内,做好自我保护以及家人的保护。从目前来看,尽管还有输入性病例,但是是可控的,只要待在家里或者在安全范围之内活动,比如说到人比较少的公园去走走,基本上不会有什么大事。对于未来,我们真的没法预料,但是长远一点看,世界上的灾难总会过去的。所以面对灾难,我们首先要做两点:第一点,不要给国家添乱;第二点,保护好自己,做好打持久战的准备,以不变应万变。

我们要考虑的核心是:如果疫情结束了,我们的位置在什么地方?所以我觉得,我们首先要保持自我情绪的稳定和平静,利用这个机会让自己变得更加深沉一点、更加成熟一点、更加熬得住一点。其次,我极其不鼓励孩子们包括家长在家里狂刷各种视频、看各种新闻。其实，关于疫情的新闻就那几条，一是疫情到底怎么样了，二是国家的大政方针、世界的大政方针在往什么方向走。各种八卦的事情少看，因为手机刷得多了，自己的焦虑程度和烦躁情绪就会增加。

另外最重要的一点就是要思考，如何利用这段时间，让自己进步。这个世界永远欢迎优秀人才，利用这样一个在家里的时间，多读点书，可以让自己的专业学习或研究更加深入一下，现在专业资料在网上都能查到，可以让自己学得更加独立一点，比如在家里学学做饭，锻炼动手能力，或者学学英语。一个是学习、一个是心态，我觉得先把心态沉下来，只要家里不断粮，心态沉下来应该不是问题。

对于现在还在国外的留学生，我觉得要根据具体情况来判断，如果所在的国家本身疫情控制得不错，我觉得孩子不乱跑比经过千难万险飞回国内来可能更加安全。但是如果他所在的地区疫情已经完全失控，或者说不回来的话家长已经焦虑得要发疯了，那让孩子经过正常途径回到国内来进行隔离，我觉得也是一个选择，但是没必要恐慌。所以孩子要不要回来，需要家长根据孩子所在地的社会秩序、疫情情况、孩子本身的状况和能力自己做决定。

疫情之下，高考都延期了，我们的生活可能也会出现很多突如其来的变化，那我们需要做什么呢？就是以不变应万变。如果你整天在恐慌之中刷视频什么都不干，等疫情结束了，利用这几个月充分做好准备的人一下子就冲到你前面去了。

疫情肯定会过去。但什么时候过去，我们不知道。世界会不会陷入大乱？我个人认为大乱的可能性不是那么大，有些国家可能会乱，但是整个世界陷入大乱不太可能。至于世界的经济、金融会不会衰退？我觉得很明显会衰退。美国1929年大萧条、2008年金融危机，我们读到，甚至自己也经历过一些。衰退之后的恢复，也会有艰难。

那这个过程中，世界的教育会不会继续进行？人们正常的生活秩序会不会恢复？肯定会恢复的。既然这样，等到恢复的时候我们做好了什么准备，就是要问的问题。我的答案非常简单：凡是想要留学的，继续为留学做准备，因为等到疫情过去一切都会正常，教授们还在、大学还在、同学们还在；要高考的还要为高考做准备，要继续学习。最重要的是，在家里做好充分的准备，能够为疫情做点贡献就做点贡献，不能做贡献就为自己做点贡献、自己做好充分准备，自己做好也是为社会做贡献。

正确看待疫情带来的挑战

对我们来说，疫情是灾难，但是对孩子来说，如果能利用这段时间认真生活、认真学习、认真思考，绝对是一个特别好的成长机会。他们会看到我们是怎么样奋发抗击灾难的，看到全世界人民在灾难中是怎么样努力生存、发展的，看到世界上金融、经济等其他方面出现问题以后，世界人民是怎么样合作解决问题的。哪些国家做得对，哪些国家做错了，这些是他难得的学习机会。

在这个过程中，如果只让孩子两耳不闻窗外事，天天在复习功课，其实也是不对的。应该让孩子适当关注一下外面发生的事情，如果父母能够在这个时候引导孩子一起来进行客观分析就更好了。我最怕父母在这段时间把一些比较极端的思想灌输给孩子,比如说哪个国家就是错的,哪个国家就是对的,这些是比较糟糕的。我们需要利用这个机会培养孩子全面观察和判断事情的能力,并且在对错之间进行判断和取舍,用非常理性的态度来对待世界上所发生的事情,我觉得这是培养孩子独立思考能力和自我成长的一个绝好机会。

我们常常说,一个人要是经过战争的洗礼会不一样,战争期间最容易培养将军,因为他实战经验丰富,以后就会变得很能干。对于孩子来说,现在就是一场战争,只不过敌人是病毒。面对这样一个状态,经过这么一个过程,有心的孩子会成长到一个新的认知台阶和境界,对中国、对世界、对人类的未来,会有更多的思考,也更加意识到人类是一个命运共同体,说不定对孩子的未来,包括研究方向、发展方向、个人的理想和价值观,都会起到比较大的作用。

当然,我们都不希望这种灾难发生,总是希望世界和平、安宁、和谐、美好,但是一旦发生这样的事情以后,我们要做的第一件事情,就是学会在灾难中生存,帮助在灾难中的人们;第二件事情,就是通过灾难变得更加成熟,未来如果世界再次面临这样的灾难,我们可以用更好的心态、更好的机制来应对这样的灾难。说不定下一次灾难出现的时候,现在的年青一代已经变成社会的中坚力量,那个时候孩子是什么样的格局、心态,决定了我们对抗灾难会出现什么样的胜利。

对家长的考验

疫情之下,很多家长都期盼着孩子快点开学,"神兽归笼",学生也期待早点回到校园与小伙伴玩耍。有些网友开玩笑说,一些家庭里,父母和孩子已经走在"母慈子孝"崩溃的边缘。毫无疑问,在疫情期间,家长的任务是很艰巨的,但此时此刻,家长更需要做好准备来迎接这场考验。

首先,家长需要心平气和。大家不能出门,孩子焦虑,家长也焦虑。这时如果家长能够心平气和,脾气不急躁,说话不极端,做事情有条理,跟孩子能够心平气和地交流沟通,那么就能跟孩子很好地待在一起。如果家长很急躁,平时跟孩子交流不顺畅,一说话就急,孩子再倒过来跟家长急,就会亲子关系紧张,这样就可能会产生极端行为。其次,家长需要思考怎么利用这个时间跟孩子交流、沟通和做表率。这也是比较重要的。再次,家长要学会让孩子放松。孩子在家作业不会做,家长也辅导不了,学校的作业不断压过来,跟同学之间也没法面对面交流,孩子正值青春萌动,更加不容易在家里坐得住。这个时候家长要想办法让孩子放松,比如适当地跟他一起做做体育运动,让他在房间里待一段时间,或者适当地让他玩玩游戏。打游戏只要能够控制时间,我觉得也是一种放松的办法。还可以引导孩子的注意力,比如跟孩子一起做饭做菜,我就是这么做的。

我儿子还是高三的学生时,各门功课也很紧张,我对他有几个要求:第一,要有很好的作息习惯,比如晚上 12 点睡,早上 7 点起来;第二,在学习的时候要规定好自己的学习时间,比如说这两个小时学数学,那两个小时学习英文写作,做好时间分配;第三,要有放松的时间,比如学习一两个小时要到户外走一走或者在房间里做做体育锻炼。

我跟他每天会有二三十分钟的交流时间,聊聊他功课中遇到的问题,聊聊他内心的感受。能解答的我就会帮着解答，对他来说也是一种释放，他也愿意跟我聊。我也会跟他打半个小时的篮球。我负责防守，他负责进攻，因为进攻更花力气，就半个小时就把他锻炼得大汗淋漓，这样他体内的压抑就会被释放出来。整体来说，我是一个比较随和的父亲，也不怎么发脾气，尽管有要求，但是从来不会以发脾气的方式来提出自己的要求。所以孩子也很少跟我急躁，因为我不急躁他没有理由急躁，而且我提的要求一般都比较合理，我们相处得还算不错。

疫情会不会影响留学热情？

有的家长问，这次疫情会不会影响未来大家留学的热情？我个人认为，短期肯定会有影响，但从长期来说，应该不会。因为这是全球化之后的一个必然结果，就像疫情过去了以后老百姓还会出国旅行，该留学的同学也会出国留学，因为总要到外面走一走、看一看，尤其到一些发达国家，到值得我们学习和借鉴的地方去走一走、看一看。当然，回国的这种热情也不会减，因为国内的机会更多、土壤更成熟，创新、创业的机制越来越成熟。

有家长说，让孩子留学，又担心安全问题，该怎么办？周成刚老师就解答过这个问题：安全问题是相对的，国外有安全问题，国内也有安全问题。在留学的时候，学会保护自己，在复杂的环境中让自己过上有规律的生活，同时面对不同的文化并在这个文化里边生存下来，其实这是一种技能。所以新东方针对要出国的孩子会出各种课程，自我保护的课程、保险的课程、在不同的文化里如何生存的课程，以及在不同文化里相互交流的课程。当然,最重要的是孩子自己不断成熟,做出正确的判断,并能过上正常的生活,这样的话留学不会有太大的问题,各个国家都一样。

疫情之后的留学策略

全世界现在疫情比较严重,但是人们的生活要照常,人们对消费品的需求继续存在,这意味着,当很多国家不得不停工停产抗击疫情的情况下,中国的复工复产会加倍进行。为什么呢?因为中国的基础工业和制造业本来就很兴旺,已经是全世界的制造基地了,其他国家需要或者希望中国提供各种物资,不仅仅是医疗物资。这种需求增加,进而带动整个链条的发展,大企业提供整合,小企业提供原料和零件……这样的过程会带动中国的企业加倍复苏,所以这就是我们反复强调,在确保国内疫情不再蔓延的前提下,要迅速复工复产的原因。不仅我们因为工作生活要复工复产,全世界都需要中国复工复产支持抗击疫情。

现在在国内找工作的同学,可能会有些担心。我个人觉得,虽然有些小企业在疫情的冲击下倒闭了,但从长远来说,不需要太担心。未来你会发现中国有大量的企业在招人,而且已经濒临破产的那些小企业可能也会迅速起来。但前提是我们在这个时候的复工复产政策能够执行到位,并且能够控制疫情的发展。这不光是为中国后续经济发展提供动力,而且对世界抗击疫情,让全世界人民有物资、资料的支持来稳定疫情能起到重大作用。

对于我们而言,只要有技能在,关注好世界、中国的形势变化,锻炼好自己的本领，等待机会来临就可以了。

关于留学问题，疫情之下有几点还是需要我们去了解的。第一点，世界上有几个留学目的国，尤其是西方的几个发达国家，包括美国、英国、澳大利亚、加拿大、新西兰，欧洲的德国、意大利、西班牙等，中国留学生是它们的留学生主力，是这些国家的大学过去几年里大发展的经济支柱。这次疫情应该说对世界的留学生流动产生了巨大的影响，也对这些国家的大学发展带来了影响，甚至有一些大学已经在要求政府的支持，否则很难维持下去，因为留学生不去了，学费也不交了，消费也就停止了，这些大学原来的计划、工程、建设也都停止了。所以从这个意义上讲，我觉得一旦疫情过去，各个国家会更加欢迎中国的留学生过去。

第二点，疫情使各个国家的外汇有较大的波动，未来还想要送孩子去留学的家长可以关注一下，在目的国汇率低的时候，换好外汇，过去之后可以省一笔钱。

第三点，更要关注世界各国的留学政策，尤其是各个国家和各个大学发布的政策。除了大的环境与趋势，还有很多细节要了解。比如雅思、托福、赛达、GRE这些考试，现在还可以补习，线上补习、一对一补习都可以，但是很多考试都被取消了，不仅是在中国的考试被取消了，其他地方的也被取消了。不过也有好消息，就是疫情之下，现在有一些大学录取留学生的政策开始有一些灵活的变动，比如说取消的考试可以用其他考试来替代，在线上就可以考。此外，一些国家和大学已经有了自己的录取标准，如果通过它们单独的在线考试，只要它们承认，也可以被录取，还有一些大学给同学和家长更多的考试选择。这些变化特别多，所以从这个意义上讲，应该是条条大路通罗马，对我们来说也是好消息。

第四点，选择留学目的国。很多人在疫情之前，更倾向于把孩子送到美国。但这并不代表去美国就是最好的、唯一的选择。事实上过去7年时间里，周成刚老师带着新东方团队考察了很多世界名校，也采访了很多世界名校和中学的教授、学生和行政人员。我感觉美国的大学有它的优势，比如更偏向于精英教育，而且有世界上最强的科研能力，有最棒的教授、全世界最多的诺贝尔奖获得者；而澳大利亚、新西兰、加拿大这些英联邦国家，是后起之秀，它们的福利好，学的专业非常实用，而且很多专业处于世界先进水平。它们在不紧不慢地、从容地做着自己的教育，也获得了很多世界领先的科研成果。而欧洲的好多国家，更注重普惠大众。和精英教育认为教育是一项重要的人生投资不同，欧洲的很多国家，尤其是北欧国家，更注重教育的公平，要求让更多的孩子获得最好的教育，同时让他们在社会上赢得自己的一席之地。所以，很多欧洲国家认为接受最好的教育是孩子们的权利。我觉得虽然观念上有所不同，但各有各的好处。欧洲的很多大学既有悠久的历史，学费也相对低廉，因为它们坚持着自己的观念，普惠大众，要让每个人得到最好的教育，而且这种学费不仅针对本国人，国外留学生的学费也是比较低廉的，这也是我们的一种选择。当然，孩子成绩优秀的话，可以通过争取奖学金省下20万元、50万元、100万元人民币，这种可能性都是存在的。

所以，去各个国家留学各有各的好处，这也是为什么过去几年，中国的学生可以到美国、英国、澳大利亚、加拿大以及欧洲的很多国家去留学。在留学目的国多元化，留学专业多元化后，留学的方式也开始多元化。

孩子应该具备什么样的素质去面对未来？

好多家长都问：孩子应该具备什么样的素质去面对未来？我觉得第一就是有比较健康的身心素质。不仅要身体健康，更要心理健康。心理健康意味着这个孩子有积极阳光向上的个性，也有独立思考的能力，不偏执、不极端，这需要家长和孩子一起共同来发展。比如说多读书、多运动、多跟心态积极的人交往，当然也包括多看世界，具有全球视野。

第二，我觉得要让孩子做自己喜欢的事情。当然他喜欢的这件事情是社会需要的，或者说是能够体现他个人价值的。如果他喜欢打游戏或者做负面的事情，我觉得这就是一个麻烦。但如果孩子喜欢画画、喜欢唱歌，家长是要支持的，而不是一定非要让他去学什么他不喜欢的。也就是说，循着孩子喜欢的方向看看，如果孩子真的愿意沿着这个方向持续付出努力的话，我觉得这对孩子未来的幸福是很重要的。家长在给孩子选择专业的时候，常常选择能赚钱的，比如法律、经济、商贸，但是孩子并不一定喜欢。让孩子做不喜欢的事情，就算未来赚钱了他也不一定幸福，所以我觉得要跟孩子一起商量，选择他的爱好和方向。

第三，对于孩子来说，要尽可能接受更好的教育。不管国内大学还是国外大学，我觉得在某种意义上是相通的，能给孩子更好的教育、更好的眼光、更好的格局、更好的思考能力、更好的解决问题的能力，还有更多的社会关系。我常常举的一个例子是，你所上的大学的校友某种意义上都是你的社会关系，每所大学，尤其是有历史的大学，每年毕业一两万人，最后散布在全球，其实是你成长过程中或多或少可以帮助你的群体。美国也讲究校友关系，比如耶鲁大学、哈佛大学都有各自的校友会，这在全球是一样的。

所以这三个方面，身心健康、做自己喜欢的事情、更好的知识结构和社会关系，在孩子成长过程中是非常重要的。

以我家为例，出国是孩子自己选的，大学也是他自己选的，不是世界顶尖的大学，但是他喜欢的大学，我就配合他一起申请，最后就成功了。我带孩子是放养式的，有两个关键：第一是要定基础规矩，这些基础规矩不能违反，比如我要求孩子心地善良、做事情规矩、要有礼貌、要有独立思考的能力，不能是一个做坏事的人；第二，在基础规矩之外孩子愿意做什么事情我是放养式的，只要不违反我的常识，他想做就做。尽管有的时候做了一段时间不感兴趣换方向了，做另外一件喜欢做的事情，我说OK（好的），反正30岁之前都没有关系。"三十而立"，30岁开始做一件事情，就要想办法做到底、做好、做成自己事业的基础，那时候要有坚韧不拔、坚持下去的决心。我也是29岁从北大出来做新东方的，做到今天。所以我觉得对孩子来说，大方向、大规范不要出错，然后给孩子足够的空间，让他自我成长。

至于孩子要留学，选择去哪个国家，除了了解目的国大学的特点外，自身要考虑两个要素：第一，孩子喜欢的专业，比如学时装设计或者学艺术，我觉得到法国去可能是最好的，还有学烹饪，法国的蓝带学院非常好；第二，在对那个国家了解的情况之下，那个国家的传统和文化氛围，也是一个选择的标准。其实，我就希望我的孩子能够到英国去留学，因为我觉得英国的传统比较古老，它的大学，牛津、剑桥、帝国理工都非常了不起，专业也很先进，英国人相对美国人来说也更加彬彬有礼，但是最后，我们要尊重孩子的选择。

在生活中，不管是在国外、国内工作接触的留学生，还是本地学生，我发现成功孩子身上的个性是相通的。这也是在孩子成长过程当中，我觉得要着重培养的。

第一，比较开放的个性，他愿意接纳所有的东西，接纳新的知识、新的思想、新的朋友、新的氛围，以及别人的不同意见、不同观点，包括别人对他的批评甚至指责，或者不公的待遇，他都能够消化掉，依然在这个过程中保持开放的心态。

第二，有好学的精神。一般来说，成功与否跟聪明与否关系不是那么大，跟是不是好学、是不是勤奋有比较大的关系，这点我感受比较深。我发现优秀的学生都有这样的特点，学的时候非常专注，把自己的功课学得很好，功课之外的知识也学得很好。

第三，比较自律。自律是什么？就是自己要去做完的事情，不做完的话是不会放弃的。这跟顽固、固执是不同的概念：顽固、固执是错误的东西还坚持到底；而自律是坚持做一件事情，哪怕其他事情更有吸引力，也不会太转移自己的注意力。

第四，比较善于放松自己。我认识的一些比较成功的人，他们往往比较善于放松自己。比如说去跑马拉松、打球，适当地去旅游，甚至跟朋友一起欢闹，这样的人反而成功的比较多。

第五，有情怀。虽然有一些人更关注自我成长，但是我认识的一批非常优秀的大学生、留学生，他们很多人都有着家国情怀，希望在做好自己的事情的同时，做对社会有意义的事。这样，他就把自己放在一个具有理想主义色彩的状态下，有理想主义色彩的人是比较容易坚持下去的。人能在艰苦失败的时候坚持下去只有两个理由：第一是为自己，必须为自己努力成功，即所谓的"天将降大任于是人也，必先苦其心智"；第二是为家、为国、为社会。把这两种情怀加在一起，就是修己修人、为己为人、度己度人。有这种情怀的人比较容易成功，因为他面对任何事情，内心都会有一种要坚持下去的决心或者信心。

总而言之，做任何事情只要目标明确、耐心等待、坚持努力，最终所有东西都会开花。所以我相信，我们的同学和家长的努力，一定会有开花结果的那一天。如果疫情持续给我们带来不确定性，我们就耐心等待。

我们还在半道上

改革开放到今天,我们依然在路上;从制度建设到思想建设,到企业发展的建设,我们也依然在路上。未来中国的繁荣,还需要我们继续推动下去。

我认为要继续推下去,有三件事情要做。

第一是思想进一步解放。在近 100 年的发展历程中,马克思主义帮助中国摆脱了半殖民地半封建社会,使我们走向了繁荣富强,成为一个伟大的社会主义强国。面向未来,我们应该如何继续前行,我相信可以更加开放地来进行讨论。

我觉得我们现在讨论思想有点像列车前行,必须要在铁轨上往前走,我觉得这样的思想解放还是比较单一的,尤其在企业发展领域,在企业和制度结合的领域,我觉得我们的讨论还应该更加大胆一点。

第二,真正鼓励人才流动。我一直认为中国一大批人才在政府部门中。其实,我们很多人,比如王石、任正非、黄怒波,甚至某种意义上包括我在内,都是从政府部门出来的。而现在政府部门的人要去创业,可能会越来越难。因为新时代的新创业出现了，所以老一代的政府官员这时下海，也不知道怎么面对高科技引领的伟大时代了，从某种意义上说，他们落后了。但是现实又需要领导朝气蓬勃，为年轻人往前发展进行制度改革和企业创新，否则创业创新会变得非常困难。

可以说在很多领域，包括在教育领域中都有这样的情况。因此，未来中国的发展还是需要深度改革的。

以大学教育为例，大学中也存在自上而下决策的氛围。大学教授不能决定自己专业的研究、研发；大学的学生对于选择自己应该跟随什么样的老师来学习，也没有发言权。自上而下的官僚机制使许多人都在揣摩上面领导在想什么。这样的氛围在民间机构和企业中也存在。比方说新东方的员工，他们会想万一得罪了俞敏洪，这个饭碗可能就保不住了。如果下面的每一个人都是在保住饭碗，而不是思考自己到底怎么做才能够为公司发展做出贡献，那不失为一种损失，政府体制内的人更是这样。

关于市场经济的问题，我觉得在市场新活力方面，我们在两件事情上做得比较成功。

一是改革开放以后的政策，指向了民间力量；二是允许老百姓去尝试和探索了。所以，只要能够猛力地调动民间力量，来为中国的繁荣做努力，并给予制度、安全以及发展上的保障，就足够了，剩下的事情交给老百姓干。这也是我们中国经济发展这么快的一个重要原因。此外，还有一个原因是高科技的发展。信息科技和现代科技给中国带来了无穷无尽的发展机会，加上我们的人口基数庞大，于是出现了马云、马化腾这样的商业天才。但我们也要注意到，世界上的高科技绝大部分都不是中国人发明的，我们只是应用，从这个意义上来说，面向未来的时候，我们依然有很多地方需要努力。

加入WTO（世界贸易组织）所带来的跟世界经济结合的红利已接近拐点，后面10年乃至20年我们与世界的融合，还需要大量的经济学家和企业家去进一步探讨。在这个过程中，要防止一刀切的情况出现。比如以前北京的煤改气、拆迁危房，我相信上层的本意是好的，希望北京更安全、天际线更美，但执行的时候既没有考虑到现实情况，也没有考虑到老百姓的情感需求。这样的管理模式一出问题，不得不在中途叫停。此外，很多企业政策和未来发展政策，也常常是要保护员工、为他们争取更大福利的。但由于实施的过程中有官僚主义的存在，实行一刀切，最后一些企业的劳资关系变得极其紧张，也导致大量中小企业失去了发展的活力。

第三，给民间足够的探索余地。新东方到美国上市的时候，我跑了好多部门，它们说：我们没有这个先例，教育培训机构在中国不能上市，我们也不觉得能在美国上市。最后新东方到美国去上市的时候，我觉得要经过政府领导同意，拜访了很多领导，最后有一个领导说：俞敏洪，你就去吧，去了以后出事你承担责任，不出事就算你运气。当时，我也搞不清什么叫出事，什么叫不出事，把控着不违反中国法律政策的原则，就到美国去上市了。

这一探索实际上为后面10年中国民办教育的发展带来了繁荣，为教育和信息产业的结合，以及和人工智能结合的繁荣做出了贡献。所以，这种探索应该被允许，政府只要明确大方向就行。我们心中都有大方向，坚持党的领导，坚持四项基本原则，坚持科技和中国的发展。放手让民间力量去探索，有时能够与政府的力量形成合力。所以我觉得，政府应该允许民间力量在一段时间内存在探索上的混乱。

中国有句古话，叫"乱中取胜"。混乱，只要不颠覆社会发展的基础，我觉得它背后隐藏的其实就是某种活力。中国改革开放初期，老一代企业家完全是在一片混乱中走出来的，否则，怎么会有今天中国企业跟世界接轨的发展布局。所以我觉得政府必须要更加"大度"一些，在掌控大方向的前提下，允许混乱的出现，也允许每一个领域去寻找自己突破的道路。突破和发展、创新和提高，最后惠及的不是这些个人，而是整个中国大众以及中国社会。

此外，我们还要把高科技和制度结合，这样才能够使高科技为中国社会的稳定发展做贡献。

关于这一点，我讲三个方面。

第一，企业家的心态决定了在高科技研发中间的投入。今天，我看到中国大量的企业家，钱要不就是存起来，要不就是投入到短期利益领域，大量企业基本上没有把钱投入到长期的研发中去。理由也非常简单，因为这些企业缺乏一种长久以来的安全感。中央发布的支持企业家创新的文件，让所有企业家吃了一颗定心丸，我觉得这样的文件一个月发一次都不为多。

第二，当政府支持高科技的时候，企业一定要区别伪高科技和真正高科技创新研发。我发现周边不少人打着高科技的旗号，到地方圈一块地，然后高科技产业园荒废3~5年，甚至8~10年。我也发现很多机构根本就没在进行高科技研究，却打着人工智能、大数据、云计算的牌子，拿到了高科技营业执照，还被减免税收，其实背后做的是房地产生意。如果国家的力量不投入到真正的高科技发展上去，我们中国未来几十年的历程依然是不断复制国外高科技的过程。

第三，我觉得对企业的税收应该再降一降，让企业有更多的钱投入高科技发展。中国要拿出推动航天技术发展的这种力度，来支持民间科技力量的发展。

而企业要做得更好，就不能一天到晚把精力放在跟员工打官司上面，或者员工一离开就跟企业打官司。这样花的精力真的太多了。这不是说不要保护员工和雇员，而是既要合理保护员工，也要保护企业的长久发展。

对于创业者，我觉得少参加这样或那样的论坛，少浪费时间。创业者要找出自己真正喜欢做的事情，这件事情对自己有好处，对自己的发展有好处。在此基础上，只要不违法，我觉得就可以说对社会有好处。创业者要把时间花在自己所做的事情的未来发展布局上，以及对所在产业领域世界最前沿发展的研究上。

（以上内容为作者在北大光华新年论坛上的演讲）